Generalplaner

all in one

Peter Diggelmann, Ivo Lenherr, Andreas Lüscher,
Markus Mettler, Axel Paulus, Boris Schlaeppi,
Birgitta Schock, Daniel Stebler

Danksagung

Die Realisierung dieses Buches war nur möglich dank der freiwilligen Mitarbeit zahlreicher Fachleute sowie der Unterstützung durch Sponsoren (siehe Seite 176).

Ein besonderer Dank geht an die folgenden Mitinitianten der Arbeitsgruppe Generalplaner, die erste Grundlagen für das vorliegende Buch zusammengetragen haben:

René Bosshard, Masswerk AG, Kriens/Zürich
Maurus Frei, maurusfrei Architekten AG, Chur/Zürich
Ian Jenkinson, Amt für Hochbauten Stadt Zürich, Zürich
Hans Schlotterbeck, Amt für Hochbauten Stadt Zürich, Zürich
Tossan Souchon, Archipel Generalplanung AG, Bern
Thomas Zaugg, Itten und Brechbühl AG, Basel

Speziell danken möchte das Autorenteam den folgenden Fachleuten, die Informationen beigesteuert oder als Testleser während der Erarbeitung des Buches wertvolle Inputs geliefert haben:

Paul von Crailsheim, Rapp Architekten AG, Basel
Philipp Forster, Fraumünster Insurance Experts, Zürich
Reto Largo, NEST/EMPA, Dübendorf
Deborah Marlés, S+B Baumanagement AG, Münchenstein
Claus Nesensohn, Refine Projects AG, Stuttgart
Hannes Pichler, EMPA, Dübendorf
Oliver Rappold, Rappold Köhli Rechtsanwälte, Zürich
Hans Schlotterbeck, Amt für Hochbauten Stadt Zürich, Zürich
Patrick Theis, Drees & Sommer, Stuttgart

In Zusammenarbeit mit The Branch
www.thebranch.ch

Inhalt

A	**Grundlagen** Wahrnehmung, Definitionen, Abgrenzungen	**6**
B	**Warum?** Annäherung, Geschäftsmodell, Mehrwert	**14**
B.1	Der Generalplaner – eine Annäherung	17
B.2	Generalplanung schafft Mehrwert	31
C	**Wer?** Generalplaner, Planer, Bauherr	**36**
C.1	Beruf oder Berufung?	39
C.2	Manager in Schlüsselposition	53
C.3	Die Seite des Generalplaners	61
C.4	Die Seite des Planers	67
C.5	Die Seite des Bauherrn	71
D	**Wie?** Organisation, Honorare, Qualität	**84**
D.1	Ordnungen, Verträge und Versicherungen	87
D.2	Projektorganisation	95
D.3	Honorierung	109
D.4	Projektqualitätsmanagement	115
E	**Was?** Akquise, Praxis, Zusammenarbeit	**118**
E.1	Fehlende Standards, falsche Erwartungen	121
E.2	Bauablauf	127
E.3	Der Mensch im Mittelpunkt	133
E.4	Organisationsformen für die Ausführung	137
F	**Wohin?** Wandel, Treiber, Diskussion	**142**
F.1	Kommende Herausforderungen	145
F.2	Lernen von den anderen	151
F.3	Antworten auf die Herausforderungen	157
F.4	Wohin die Reise gehen könnte	161
	Autorenteam, Literaturverzeichnis, Impressum, Sponsoren	171

sia
Verweise auf wichtige Ordnungen des Schweizerischen Ingenieur- und Architektenvereins SIA

Best Practice
Hinweise aus der Praxis erfahrener Generalplaner

Bauherr
Wichtige Hinweise für Bauherren

Zukunft
Hinweise zu künftigen Herausforderungen, Organisationsformen und Lösungsansätzen

Vorwort

In den letzten sechs Jahren wurde unser Buch dank seiner weiten Verbreitung zu einem inoffiziellen Standardwerk der Branche. Parallel dazu hat die Funktion des Generalplaners an Bedeutung gewonnen. Vor allem bei grösseren und komplexeren Projekten der öffentlichen Hand sowie der professionellen und institutionellen Bauträger erfolgen heute viele Ausschreibungen für Generalplanermandate. Das ist aus unserer Sicht eine direkte Reaktion der Bauherrschaften auf die kontinuierlich gestiegene Komplexität der Bauprojekte bereits in der Planungsphase. Der damit verbundene Anspruch an Kollaboration und Interdisziplinarität verlangt nach einem intensiveren Austausch, nach einer konsequenten Moderation und Führung der Beteiligten. Das Generalplanermodell bietet grössere Gewähr dafür, dass im Planungsprozess die Übersicht an einer Stelle gewährleistet ist und die zentralen Projektziele im Fokus bleiben.

Dem übergeordnet ist die Tatsache, dass sich die ganze Planungs- und Baubranche im Umbruch befindet: Noch läuft eine Grossteil der Bauprojekte nach den klassischen Phasen gemäss SIA ab. Doch Antworten auf die künftigen Anforderungen kann die Branche nur mit neuen Ansätzen finden. Wir sind deshalb überzeugt, dass die Zukunft vor allem kollaborativen Modellen gehört, bei denen die Ausführenden bereits in die Planung integriert werden. Denn die Reibungsverluste und die Ineffizienz des linearen Planungsmodells sind schlicht zu gross. Generalplaner, die bislang nach dem Schema Design–Bid–Build gearbeitet haben, sind hier ebenfalls gefordert, neue Wege zu beschreiten.

Die Veränderungen in der Branche zeigen sich auch in der aktualisierten Neuauflage unseres Buches, für die Markus Mettler als Autor dazugestossen ist: Einerseits orientiert sich das Buch nach wie vor an der aktuellen Form für die Realisierung von Bauprojekten und erleichtert so Planenden und Bauherrschaften den Zugang zum Generalplanerthema. Andererseits zeigen wir – farbig und mit einem eigenen Logo hervorgehoben – in diversen Kapiteln, was der Wechsel zu Design–Build für das Generalplanermodell bedeuten könnte. Und im Schlusskapitel, unter dem Stichwort «wohin?», widmen wir uns vertieft den kommenden Herausforderungen in der Planungs- und Bauwirtschaft sowie möglichen Antworten darauf.

Beibehalten haben wir unser farbiges, freches Layout. Wie schon bei den ersten beiden Auflagen können Sie das Buch von Anfang bis Ende durchlesen oder an einer beliebigen Stelle einsteigen und Informationen finden. Zusammenfassungen als Kapitelauftakt und Icons erleichtern Ihnen dabei die Orientierung.

Auch bei dieser Auflage freuen wir uns über kritische Inputs aus der Leserschaft und der Fachwelt – schicken Sie uns diese einfach an generalplaner@maneco.pro.

Peter Diggelmann, Ivo Lenherr, Andreas Lüscher, Markus Mettler, Axel Paulus, Boris Schlaeppi, Birgitta Schock und Daniel Stebler

Grund

A

lagen

Wahrnehmung, Definitionen, Abgrenzungen

«Was versteht man unter einem Generalplaner?»

«Ein Generalplaner bringt mir keinen Mehrwert.»

«Mit BIM und Lean Construction braucht es sowieso keinen Generalplaner mehr.»

«Damit ein Generalplanerteam funktioniert, müssen alle Beteiligten mit Lust und Engagement dabei sein.»

«Ein Generalplaner kostet mich nochmals zehn Prozent mehr.»

«Ich habe einen Architekten, da brauche ich nicht noch einen Generalplaner.»

«Unser Projekt ist für einen Generalplaner zu klein.»

«Der Generalplaner ersetzt den Bauherrenvertreter.»

«Das kollaborative Modell des Generalplaners passt bestens zu den heutigen Anforderungen.»

«Der Generalplaner verhindert gute, zeitgenössische Architektur.»

«Neue Formen der Zusammenarbeit werden den Generalplaner überflüssig machen.»

A

«Was ich als Bauherr brauche, soll mir der Generalplaner sagen – dafür habe ich ihn und bezahle ihm auch sein Honorar.»

«Der Generalplaner vereinfacht mein Immobilienprojekt.»

«Jetzt haben wir extra einen Generalplaner beauftragt und müssen die Entscheide immer noch selber treffen. Wofür bezahlen wir ihn denn?»

«Einen Generalplaner brauchen wir nicht. Der Architekt hat sowieso ein Mandat für die Gesamtleitung und wird dafür bezahlt. Da soll er auch etwas tun!»

Die Wahrnehmung

Während vieler Jahre war der Begriff des Generalplaners in den Normen und Ordnungen des Schweizerischen Ingenieur- und Architektenvereins (SIA) inexistent. Heute findet sich die Funktion des Generalplaners beispielsweise in der SIA 102 (Ordnung für Leistungen und Honorare der Architektinnen und Architekten) oder in den Musterverträgen der Koordinationskonferenz der Bau- und Liegenschaftsorgane der öffentlichen Bauherren (KBOB). Trotzdem sind die Funktion und der Umfang der Leistungen, die ein Generalplaner erbringt, immer noch nicht fix definiert. Innerhalb dieses Buches sollen aber eindeutige Begriffe verwendet werden. Im Kasten finden Sie deshalb die wichtigsten Definitionen, die grundsätzliche Auffassung vom Generalplanermodell, Hinweise zur Rechts- und zur Organisationsform sowie zur Arbeitsweise des Generalplaners.

Definitionen

Bauherr/Bauherrschaft: *Auftraggeber, Vertragspartei*

Generalplaner: *Auftragnehmer, Vertragspartei, Organisations- oder Geschäftsmodell*

Planer: *alle in ein Projekt involvierten Planer, Fachplaner und Spezialisten, Auftragnehmer des Generalplaners, Vertragsparteien*

GP-Lead: *Leiter aufseiten des Generalplaners*

Projekt: *Oberbegriff, umfasst sowohl die Planungs- als auch die Realisierungsphase*

Projektorganisation: *Oberbegriff, umfasst alle denkbaren Organisationsformen*

A

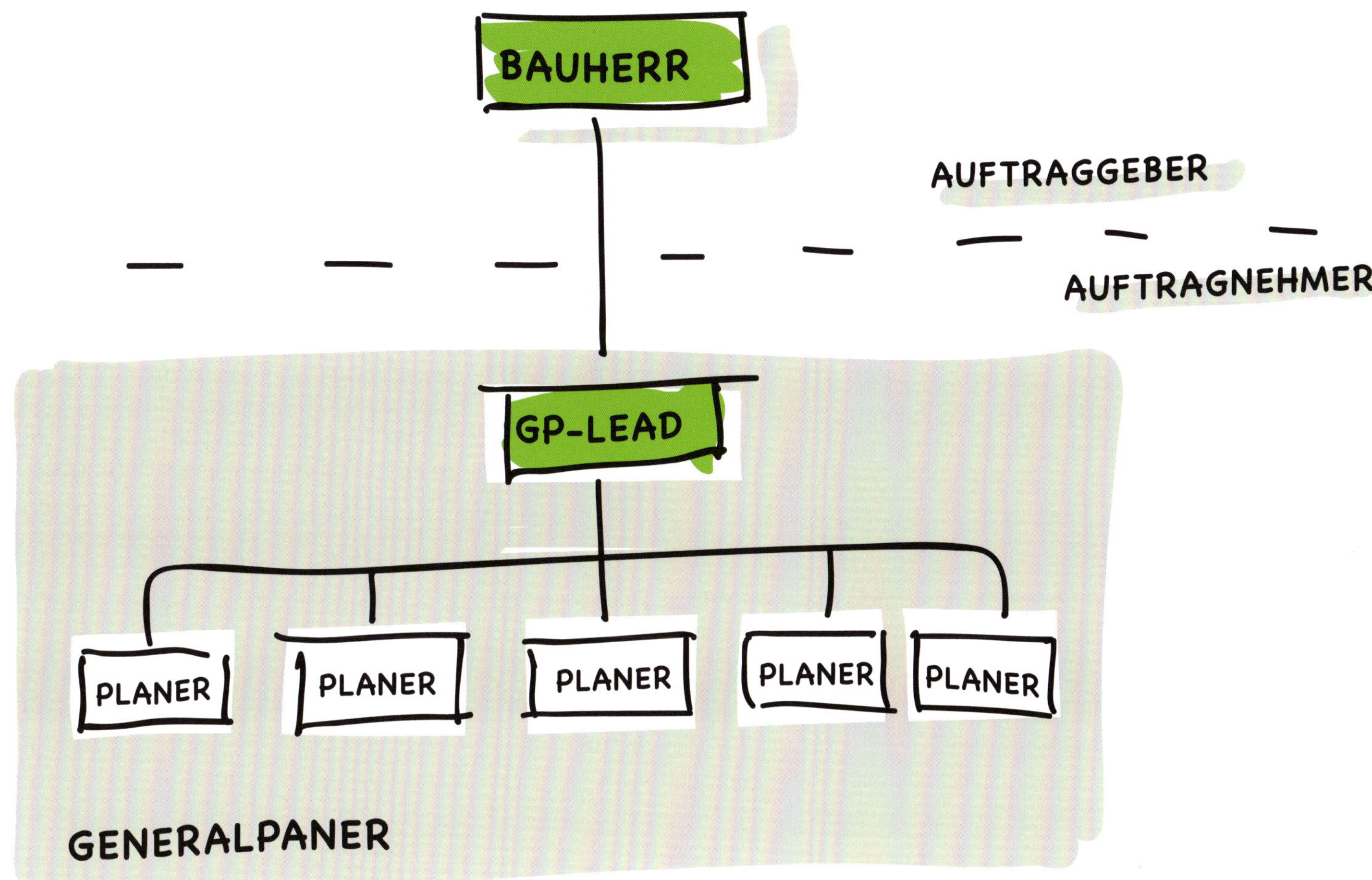

Grafik 1

Das Generalplanerteam wird durch den GP-Lead geführt.

Funktion und Organisation

Basis des Generalplanermodells ist die auf eine Schnittstelle reduzierte Zusammenarbeit zwischen dem Bauherrn auf der einen und dem Generalplaner auf der anderen Seite, ohne Berücksichtigung der Organisation, der Rechtsform und der Arbeitsweise des Generalplaners (siehe Grafik 1, Seite 11). Innerhalb des Generalplanermodells sind ganz unterschiedliche Organisationsformen möglich. Allen gemeinsam ist, dass sie ein virtuelles Unternehmen bilden und dass eine zentrale Person, der GP-Lead, die Führung innehat.

Rechtsform

Je nach Organisation und Aufgabe wählt der Generalplaner die passende Rechtsform. Von der Integration der Funktion in eine bestehende Firma über Arbeitsgemeinschaften bis hin zu einer eigenständigen Firma sind alle Varianten denkbar.

Arbeitsweise

Unabhängig davon, welche Rechts- oder Organisationsform gewählt wird, sind die Planer vertraglich an den Generalplaner gebunden und arbeiten als Team zusammen. Der Generalplaner ist gegenüber den von ihm beauftragten Planern nicht nur weisungsberechtigt, sondern kann auch Sanktionen aussprechen – dies im Gegensatz zum üblichen Modell, bei dem die Planer vertraglich nur an den Bauherrn gebunden sind.

Der Mensch im Mittelpunkt

Das Modell des Generalplaners ist eine gescheite Lösung für die Planung und Realisierung komplexer Bauprojekte. Wie gut es funktioniert, steht und fällt aber mit den beteiligten Personen. Nur wenn diese mit voller Motivation dabei sind, Lust und Freude an der Arbeit am Projekt haben und sich voll ins Team einbringen, stimmt am Schluss das Resultat. Neben allen organisatorischen, rechtlichen und technischen Aspekten sollte ein GP-Lead deshalb der Auswahl der Projektbeteiligten, der Förderung der Motivation im Team und dem persönlichen Austausch grosses Gewicht beimessen. Mehr Informationen dazu liefert das Kapitel «Der Mensch im Mittelpunkt» ab Seite 133.

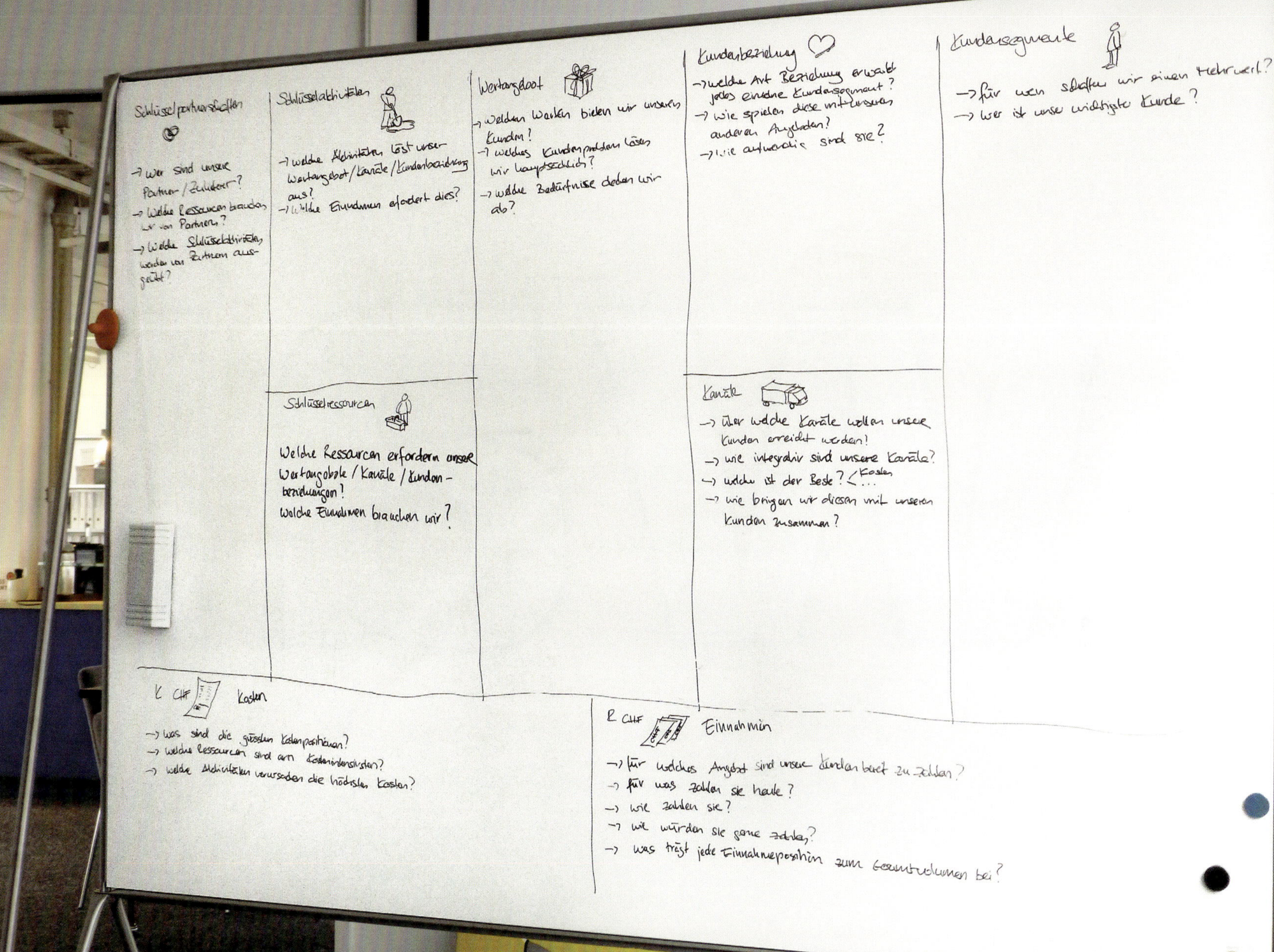

Schlüsselpartnerschaften
→ Wer sind unsere Partner / Zulieferer?
→ Welche Ressourcen brauchen wir von Partnern?
→ Welche Schlüsselaktivitäten werden von Partnern ausgeübt?
Schlüsselaktivitäten
→ Welche Aktivitäten löst unser Wertangebot / Kanäle / Kundenbeziehung aus?
→ Welche Einnahmen erfordert dies?
Schlüsselressourcen
Welche Ressourcen erfordern unsere Wertangebote / Kanäle / Kundenbeziehungen?
Welche Einnahmen brauchen wir?
Wertangebot
→ Welchen Werten bieten wir unseren Kunden?
→ Welches Kundenproblem lösen wir hauptsächlich?
→ Welche Bedürfnisse decken wir ab?
Kundenbeziehung
→ Welche Art Beziehung erwartet jedes einzelne Kundensegment?
→ Wie spielen diese mit unseren anderen Angeboten?
→ Wie aufwendig sind sie?
Kanäle
→ Über welche Kanäle wollen unsere Kunden erreicht werden?
→ Wie integriert sind unsere Kanäle?
→ Welche ist der Beste? < Kosten ...
→ Wie bringen wir diesen mit unseren Kunden zusammen?
Kundensegmente
→ Für wen schaffen wir einen Mehrwert?
→ Wer ist unser wichtigste Kunde?
CHF Kosten
→ Was sind die grössten Kostenpositionen?
→ Welche Ressourcen sind am kostenintensivsten?
→ Welche Aktivitäten verursachen die höchsten Kosten?
CHF Einnahmen
→ Für welches Angebot sind unsere Kunden bereit zu zahlen?
→ Für was zahlen sie heute?
→ Wie zahlen sie?
→ Wie würden sie gerne zahlen?
→ Was trägt jede Einnahmeposition zum Gesamtvolumen bei?

war

um?

B

Annäherung, Geschäftsmodell, Mehrwert

Geröllbetonriegel OK -2.88
Geröllbetonriegel OK -5.65
Geröllbetonriegel OK -1.88
Geröllbetonriegel OK -3.88
Geröllbetonriegel OK -2.68
Sickergallerie

B.1 Der Generalplaner – eine Annäherung

[Summary]

Generalplaner sind in der Baubranche eine vergleichsweise junge Erscheinung. Entsprechend vage wird der Begriff in der Praxis eingesetzt und entsprechend breit ist das Aufgabenprofil. Ein Blick zurück in die Baugeschichte wirft die Frage auf, wer früher diesen Aufgabenbereich innehatte: War es der Architekt, der klassische Baumeister? Der Blick auf den aktuellen Baualltag macht klar: Die Komplexität der heutigen Aufgaben ist prädestiniert für den Generalplaner. Dieses Buch zeigt, wie er funktioniert, was er leistet und wie er fair honoriert wird.

Eine Aufgabe ohne Definition

Architekt, Bauingenieur, Sanitärplaner und Generalunternehmer sind in der Bauwirtschaft fest verankerte Begriffe mit klar umrissenen Aufgabenprofilen. Nicht so der Generalplaner (GP). Obwohl heute viele Bauaufgaben für ihn ausgeschrieben werden, fehlt eine klar Definition – beispielsweise seitens des SIA. Im 2014 in Kraft getretenen «Modell Bauplanung 112» wurde der Generalplaner zwar erstmals erwähnt und ist seither auch in der Ordnung 102 zu finden, aber ohne explizite und verbindliche Definition seines Aufgabenbereichs.

Unter dem Begriff Generalplaner werden deshalb heute ganz unterschiedliche Leistungen rund um die Planung von Bauprojekten angeboten. Und auch auf Anbieterseite divergieren die Vorstellungen von den Aufgaben eines Generalplaners stark (siehe Grafik 2).

Dieses Buch liefert daher keine scharfen Definitionen und Profile, sondern nähert sich dem Berufsstand von verschiedenen Seiten, verortet seine Aufgaben und seine Stellung in der Bauwirtschaft, klärt Begriffe, zeigt Best-Practice-Beispiele wie auch Tipps für Bauherren, schlägt mögliche Lösungen und Modelle vor und schafft damit eine Basis für die notwendige Diskussion über diese noch junge Berufsgruppe.

Vorbild Baumeister

Ein Blick zurück in die Baugeschichte liefert weitere Annäherungen: Erste interessante Parallelen zum heutigen Aufgabengebiet des Generalplaners finden sich bei den Baumeistern der Antike. Sie waren nicht nur die Planer der Bauwerke, sondern auch Konstrukteure und Techniker sowie gleichzeitig Künstler und Gestalter. Vergleichbare Funktionen hatten die Leiter der Bauhütten, die einst die grossen Kirchen in Europa bauten.

Auch die Architekten in der ersten Hälfte des 20. Jahrhunderts bündelten viele dieser Funktionen noch in einer Person. Aufgrund der zunehmenden Komplexität der Bauvorhaben in der zweiten Hälfte des Jahrhunderts wurde es für eine einzelne Fachperson aber immer schwieriger, das nötige

sia

Modell Bauplanung des SIA

Der Generalplaner übernimmt vom Auftraggeber vertraglich alle Leistungen des Planerteams. Er kann die Leistungen der Fachplaner und der Spezialisten durch Dritte, die mit ihm einen Vertrag abgeschlossen haben, erbringen lassen.

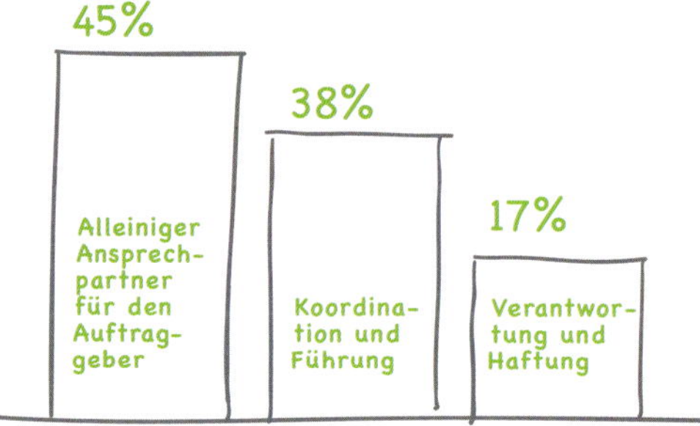

Grafik 2

Die Vorstellungen von den Aufgaben eines Generalplaners divergieren auf Anbieterseite stark.[1]

[1] Christian Strähl, Generalplanung – ein Modell für die Zukunft?, Zürich, 2014, S. 25

Etymologie des Begriffs

Interessante Hinweise auf die Funktion und die Aufgaben des Generalplaners stecken im Wort selber:

generalis (lat.) = allgemein, gemein
Planung (dt.) = Ausarbeiten einer Handlung, um ein Ziel zu erreichen

Aufschlussreich ist auch ein Blick auf die unterschiedliche Bezeichnung für die Funktion des Generalplaners in verschiedenen Sprachen:

Deutsch: Generalplaner – Schwerpunkt auf «Planer»
Englisch: design contractor – Schwerpunkt auf «Vertrag»
Französisch: planificateur général – Schwerpunkt auf «Planer»
Italienisch: coordinamento generale – Schwerpunkt auf «Koordination»

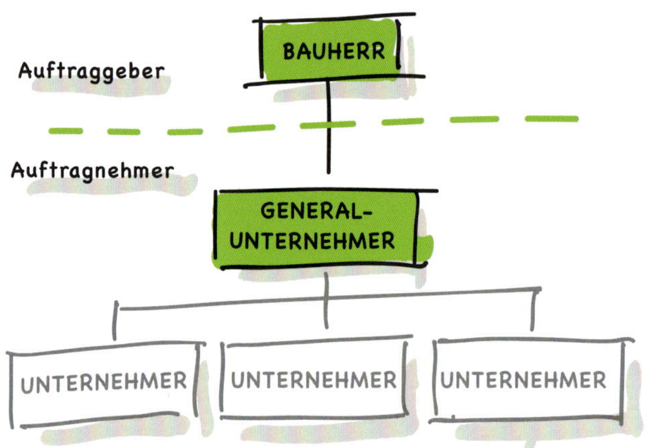

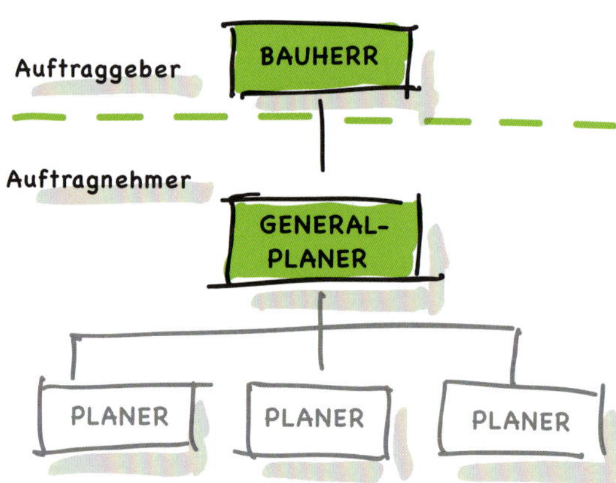

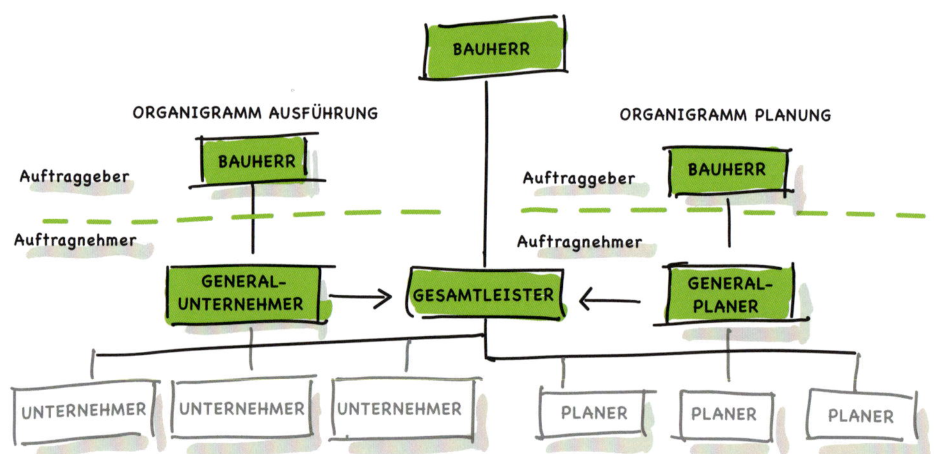

Grafik 3
Organisationsstrukturen Generalplaner, Generalunternehmer und Gesamtleister.

Generalplanung in Deutschland

In Deutschland sind Generalplaner insbesondere für die Ausführung von komplexeren Projekten gesetzt. Prof. Dr. Claus Nesensohn, Gründer und Vorstand der Refine Projects AG, der REFINE SCHWEIZ AG sowie der refineVCC GmbH, berät und begleitet Generalplaner in ihren fachlich und technisch komplexen Projekten mit Lean Design und Construction sowie BIM. Er schildert seine Eindrücke der Situation im Nachbarland:

«Generalplaner helfen auch in Deutschland, die richtigen Experten und Fachplaner, die es für die Projekte benötigt, zusammenzubringen, und dies nicht zwangsläufig mit den günstigsten Anbietern (wenn nicht öffentlich vergeben wird). Besonders bei Projekten, die viel Expertise, einen hohen Zeitdruck und/oder einen grossen Qualitätsanspruch mit sich bringen, ist der Generalplaner in Deutschland etabliert. Die Bauherrschaft konzentriert sich dann auf die Verantwortung für die Koordination und die transparente Abstimmung. Besonders das Zusammenspiel von Projektmanagement/Projektsteuerung und Generalplanung benötigt viel Transparenz, deshalb setzen Bauherrschaft, Generalplaner und Projektmanager alle darauf, die Generalplanungsprojekte mit Lean Design zu realisieren. Die Transparenz, unterstützt durch eine neutrale Führung des Lean-Prozesses, stellt sicher, dass die Ziele erreicht werden.
Vergütungen für die Generalplanung werden in Deutschland verhandelt. Es gibt zwar den Wunsch, dass die deutsche Honorarordnung für Architekten und Ingenieure (HOAI) dies ebenfalls regeln soll, doch wird sich wohl nicht viel ändern. Grössere Anpassungen sind viel eher durch die Umsetzung von Projekten mit Integrierter Projektabwicklung (IPA) und mit Lean Alliancing zu erwarten.»

Wissen in allen Bereichen mitzubringen. Deshalb kam es zu einer immer stärkeren Spezialisierung, und die Architekten delegierten immer mehr Aufgaben an Fachingenieure, weitere Fachplaner und Spezialisten.

Weniger Schnittstellen – Analogie zum Generalunternehmer, Teil 1

Lässt man die unterschiedlichen Aufgaben sowie das Resultat der Arbeit beiseite und führt die Modelle auf ihre nackte Struktur zurück, zeigt ein Vergleich zwischen Generalunternehmer und Generalplaner interessante Analogien (siehe Grafik 3):

- Beide bieten ihre Dienstleistungen unter einem übergeordneten Dach und unter einem Namen an und ziehen weitere Fachleute hinzu.
- Beide sind ein Geschäftsmodell.
- Bei beiden Modellen gibt es nur eine vertragliche Schnittstelle zwischen Auftraggeber und Auftragnehmer.
- Beide sind aufgrund externer Veränderungen entstanden.
- Beide Modelle sind virtuelle Organisationsformen.

Hohe Leistungsfähigkeit – Analogie zum Generalunternehmer, Teil 2

Die grossen Schweizer Generalunternehmer der ersten Stunde haben alle eine ähnliche Geschichte: Gegründet wurden sie meist als typische Handwerksbetriebe. So waren sowohl Ernst Göhner als auch Carl Steiner ursprünglich einfache Schreinereibesitzer. Als ihre Kunden fragten, ob sie weitere Aufgaben auf der Baustelle übernehmen könnten, erweiterten sie ihre Geschäftstätigkeit. Nach und nach kamen mehr Gewerke hinzu, bis die Firmen schliesslich komplette Bauprojekte selber realisierten: Der Generalunternehmer war geboren.

Als in der Zeit der Hochkonjunktur nach dem Zweiten Weltkrieg schnell viel neuer Wohnraum bereitgestellt werden musste, waren die Generalunternehmer dank ihrem engen Netzwerk von angegliederten Firmen als einzige in der Lage, innert kurzer Zeit die riesigen Mengen an Material zu beschaffen und die grosse Zahl an Wohnungen zu bauen. Die heute noch bestehenden Grossüberbauungen, beispielsweise im Zürcher Oberland oder in den Agglomerationen von Bern und Genf, sind Zeugen dieser Zeit.

Mit solchen Grossprojekten stellten die Generalunternehmer ihre Leistungsfähigkeit unter Beweis und konnten sich als Alternative zur Einzelvergabe der Gewerke etablieren.

Warum wird ein Generalunternehmer immer als Einheit gesehen, ein Generalplaner hingegen als Team?

Einen ganz ähnlichen Verlauf zeigt die wesentlich jüngere Geschichte des Generalplaners. Auch hier kam der Anstoss von aussen: In den 1980er-Jahren begannen die Projekte immer komplexer zu werden. Die Zahl der involvierten Planer nahm zu, für die Architekten wurde es immer schwieriger, die Fäden in der Hand zu behalten und die zahlreichen Planer zu koordinieren. Sie oder die Auftraggeber suchten deshalb nach neuen Organisationsformen. Die Zusammenfassung aller Planer unter einem Dach – dem Generalplaner – und mit nur noch einer vertraglichen Schnittstelle zum Auftraggeber war die Antwort der Branche auf die zunehmende Komplexität. Analog zum Generalunternehmer konnte das Modell seine Leistungsfähigkeit rasch unter Beweis stellen und sich etablieren. Mit zum Erfolg beigetragen haben in jüngerer Zeit auch Veränderungen aufseiten der Auftraggeber:

- Auftraggeber wägen heute oft sehr lange ab, ob sie ein Projekt tatsächlich realisieren sollen. Ist der Entscheid dann gefallen, muss es schnell gehen.
- Sie haben erkannt, dass die Führung des Planungsprozesses nicht ihre Kernkompetenz ist.

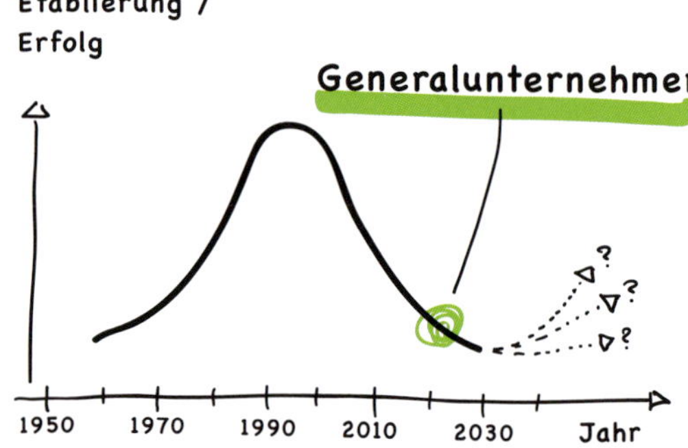

Grafik 4

Das Modell des Generalunternehmers hat den Zenit des Erfolgs bereits überschritten.

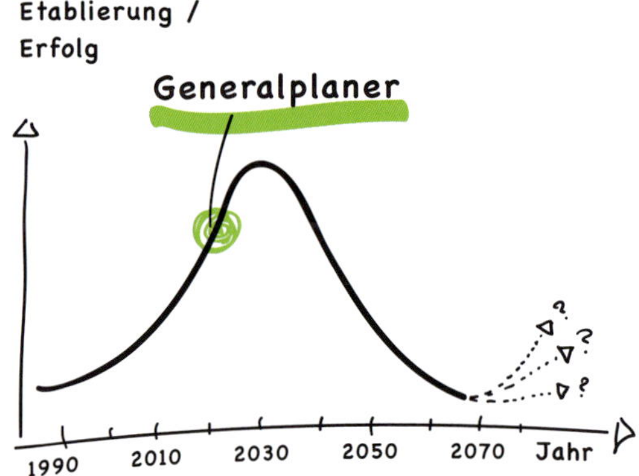

Grafik 5

Das Modell des Generalplaners befindet sich auf dem Weg zum Erfolg.

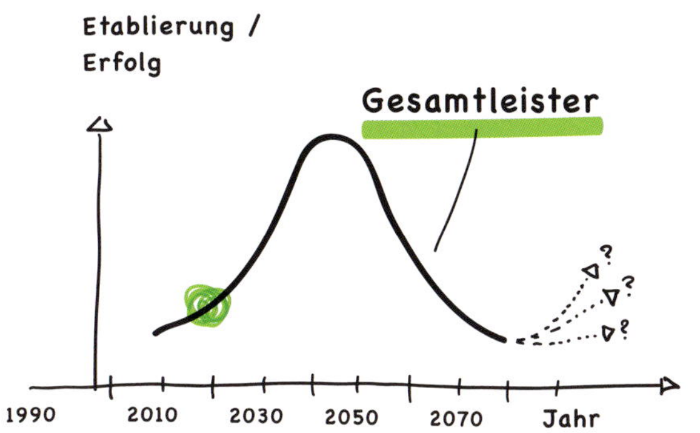

Grafik 6
Das Modell des Gesamtleisters befindet sich in der Phase der Etablierung.

Generalplaner können in dieser Situation ihre Vorteile ausspielen, das Projekt in der geforderten kurzen Zeit auf die Beine stellen und der Bauherrschaft Aufgaben abnehmen, die nicht zu deren Kernkompetenz gehören.

Kürzere Planungs- und Ausführungszeiten sowie zunehmende Komplexität rufen nach neuen Geschäftsmodellen.

B
1

Auf- und Abstieg – Analogie zum Generalunternehmer, Teil 3

Die Entwicklung von Geschäftsmodellen über die Zeit hinweg gleicht der Lebenszykluskurve eines Produkts (siehe Grafiken 4, 5 und 6): Auf eine Pionier- oder Einführungsphase folgen die Etablierung und eine Hochphase, danach verliert das Modell an Attraktivität und wird schliesslich durch andere abgelöst oder wird adaptiert und neu ins Rennen geschickt. Auch die Entwicklung des Generalunternehmers und des Generalplaners weisen diesen Verlauf auf – eine weitere Analogie der Modelle. Einziger Unterschied: Während sich die Generalplaner noch im Aufstieg befinden, haben die Generalunternehmer den Zenit bereits überschritten. Ihre Pionierphase war vor rund fünfzig Jahren. Dann etablierten sie sich, das Angebot wurde vereinheitlicht und reguliert (zum Beispiel in Form von SIA-Ordnungen). Und seit gut zehn Jahren verliert das ursprüngliche Generalunternehmermodell langsam an Bedeutung – nicht zuletzt, weil es keine Antworten für das Problem der Bauabwicklung liefern kann. Unterdessen sind Unternehmen daran, die Grundidee der Trennung von Planung und Ausführung (Design–Bid–Bild) zu hinterfragen und den Generalunternehmer wie auch den Generalplaner neu zu erfinden oder durch ein kooperatives Modell zu ersetzen (siehe Seite 157). Verschiedene Firmen haben in den letzten Jahren Schritte in diese Richtung unternommen. Die Zusammenführung

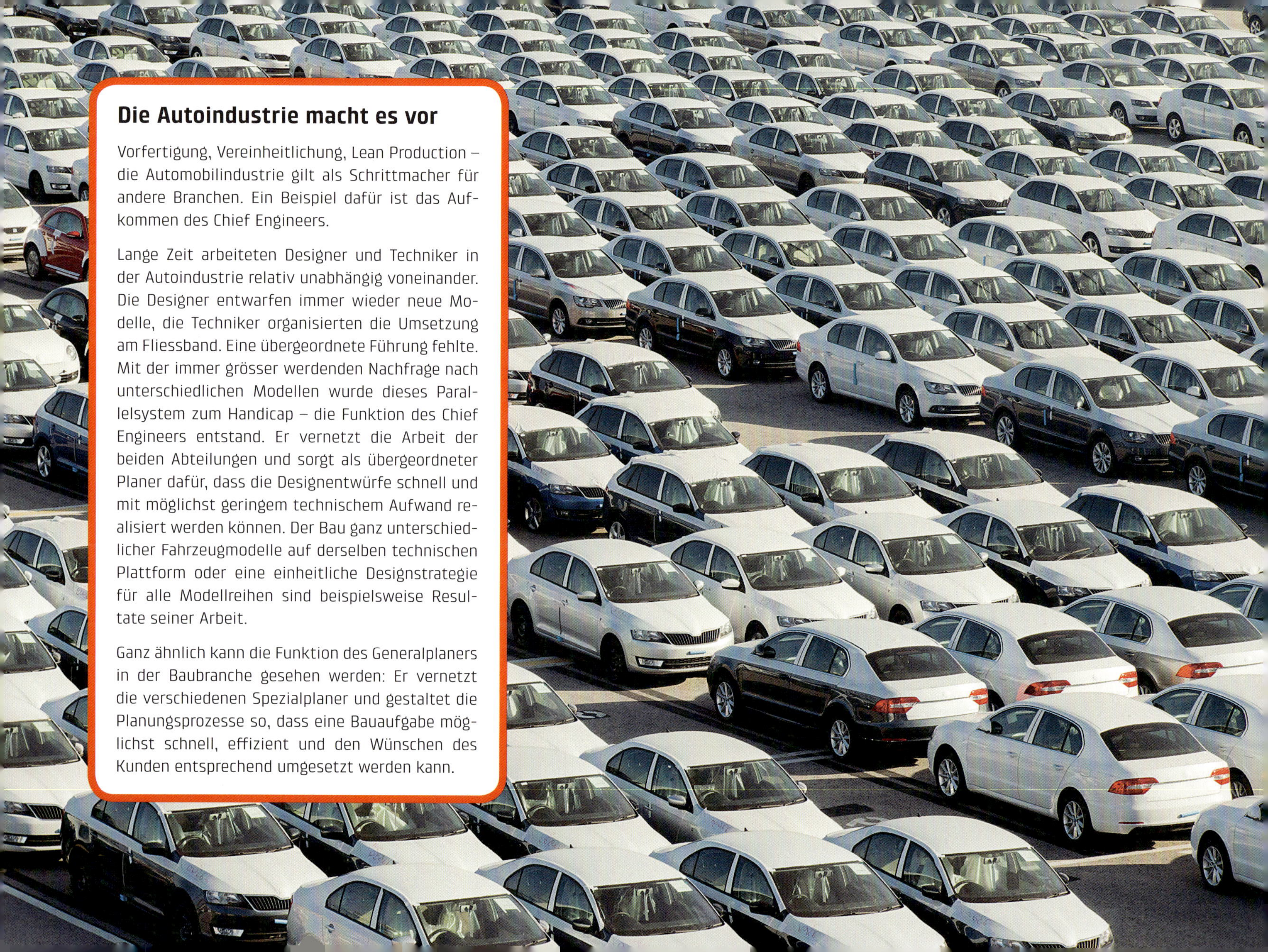

Die Autoindustrie macht es vor

Vorfertigung, Vereinheitlichung, Lean Production – die Automobilindustrie gilt als Schrittmacher für andere Branchen. Ein Beispiel dafür ist das Aufkommen des Chief Engineers.

Lange Zeit arbeiteten Designer und Techniker in der Autoindustrie relativ unabhängig voneinander. Die Designer entwarfen immer wieder neue Modelle, die Techniker organisierten die Umsetzung am Fliessband. Eine übergeordnete Führung fehlte. Mit der immer grösser werdenden Nachfrage nach unterschiedlichen Modellen wurde dieses Parallelsystem zum Handicap – die Funktion des Chief Engineers entstand. Er vernetzt die Arbeit der beiden Abteilungen und sorgt als übergeordneter Planer dafür, dass die Designentwürfe schnell und mit möglichst geringem technischem Aufwand realisiert werden können. Der Bau ganz unterschiedlicher Fahrzeugmodelle auf derselben technischen Plattform oder eine einheitliche Designstrategie für alle Modellreihen sind beispielsweise Resultate seiner Arbeit.

Ganz ähnlich kann die Funktion des Generalplaners in der Baubranche gesehen werden: Er vernetzt die verschiedenen Spezialplaner und gestaltet die Planungsprozesse so, dass eine Bauaufgabe möglichst schnell, effizient und den Wünschen des Kunden entsprechend umgesetzt werden kann.

Generalplaner – jetzt erst recht!

In den letzten Jahren kamen zahlreiche Tools und Methoden für die Zusammenarbeit in Teams und für die Vereinfachung sowie Verbesserung des Planungs- und Bauablaufs auf den Markt. Die Coronapandemie hat diesen Prozess sogar noch forciert. Die neuen, meist digitalen Möglichkeiten sind aber nicht nur Werkzeuge, sondern haben auch unsere Art, zusammenzuarbeiten, verändert und werden dies in Zukunft noch stärker tun. So ist der laufende Austausch aller Beteiligten für ein erfolgreiches Projekt heute unabdingbar. Das Modell des Generalplaners setzt schon seit vielen Jahren auf diesen kollaborativen Ansatz und ist deshalb aktueller denn je. Die neuen Tools vereinfachen und verbessern die Zusammenarbeit innerhalb des Generalplanerteams sogar noch.

der Geschäftsmodelle von Generalplaner und Generalunternehmer in das Gesamtleistermodell (Bid–Design–Build) ist eine der konkreten Antworten auf diese Herausforderung. Vielversprechend für die weitere Zukunft sind auch Ansätze wie das Modell IPD (Integrated Project Delivery).

Im Gegensatz zum Generalunternehmer hat das Modell des Generalplaners nach 25 Jahren Laufzeit erst die Pionierphase hinter sich gelassen und sich etabliert. Wie beim Generalunternehmermodell einige Jahrzehnte zuvor ist in den nächsten Jahren mit einer Vereinheitlichung des Angebots zu rechnen – und in 10 bis 15 Jahren dürfte analog zur Entwicklung des Generalunternehmers der Zenit erreicht und der Zeitpunkt für eine Weiterentwicklung der Organisationsform des Generalplaners gekommen sein.

Generalplaner sind Netzwerker

Bis anhin fochten die jeweils grössten Unternehmen in ihren Branchen den Kampf um den Spitzenplatz aus. Gemäss dem Industriegiganten Siemens könnte das bald anders aussehen: Um die Plätze auf dem Podest werden künftig nicht mehr grosse Firmen, sondern Firmennetzwerke kämpfen.[2] Das sind gute Aussichten für Generalplaner, die auch als Netzwerke verstanden werden können.

Das Geschäftsmodell visualisiert

Das Buch «Business Model Generation» von Alexander Osterwalder (siehe Literaturverzeichnis) gilt als Handbuch für Visionäre und Impulsgeber, die veraltete Geschäftsmodelle neu denken und Innovationen vorantreiben wollen. Kernstück ist das Businessmodell Canvas. Es hilft, alle wesentlichen Elemente eines erfolgreichen Geschäftsmodells in ein skalierbares System zu bringen. Mit Canvas lassen sich Modelle oder Start-up-Ideen visualisieren und auf ihre unternehmerische Tauglichkeit testen. Mehr als eine halbe Million Menschen arbeiten weltweit damit. Auch das Geschäftsmodell des Generalplaners lässt sich auf einfache Art darstellen (siehe Grafik 7, Seite 27) und kritisch prüfen.

[2] Barbara Kux, Vorstandsmitglied Siemens, Nachhaltigkeit und Supply Chain Management als strategische Erfolgsfaktoren, Referat am 3. St. Galler Forum Unternehmensführung, 2012, S. 9

Die Stärken des Businessmodells Canvas

Grundlage des Businessmodells bilden die neun Kernbereiche ***Zielgruppe****,* ***Zentrale Aufgaben****,* ***Kanäle****,* ***Kundenbeziehungen****,* ***Einnahmequellen****,* ***Schlüsselressourcen****,* ***Schlüsselpartnerschaften****,* ***Haupttätigkeiten*** *und* ***Kosten****. Optimalerweise wird ein Plan mit den neun Segmenten aufgehängt, anschliessend werden die Felder mithilfe von Klebenotizzetteln gefüllt. Dank der stark auf die Optik ausgerichteten Darstellung zeigen sich Lücken (leere oder fast leere Bereiche) schnell, was ermöglicht, das vorgesehene Modell oder die Idee kritisch zu hinterfragen.*

Grafik 7

Businessmodell Canvas für den Generalplaner.

Schlüssel-
partnerschaften
General-
Planer-
team
Meinungs-
träger
Projekt-
entwickler
In-Betrieb-
Nehmer
Haupttätigkeiten
Führungs-
erfahrung
Projekt-
erfahrung
Holistische
Sicht
Kommunika-
tive
Fähigkeit
Spez.
Projekt-
wissen
Schlüsselressourcen
Spezialis-
ten-
wissen
Manpower
Tools
Kommuni-
kative
Begleitung
Soft
Skills
Zentrale
Aufgaben
Sicherheit
Kontrolle
Stabilität
Information
Ganz-
heitlicher
Plan
Wenig
Schnitt-
stellen
Sicherheit
Geführter
Prozess
Erfolgreiche
Projekt-
abwicklung
Kunden-
beziehungen
Bedürfnis-
orientiert
Vertrauens-
basiert
Kanäle
Direkte
Akquise
Indirekt
über
Entschei-
dungsträger
Ausschrei-
bungen
Zielgruppen
Projekt-
entwickler
Behörden
Öffentlich-
keit
Fachverband
Investor
Nutzer
Betreiber
Fachplaner
Spezialisten
Bauherren-
berater
Kosten
Einnahmequellen

B
1

Reduktion
Führung
Effizienz
Innovation
Leistung
Vertrag
Verantwortung
Entlastung
Generalplaner
Geschäftsmodell
Führung
Organisator
Tempo
Kommunikator
Partner
Team
Tempo
Organisator
Verantwortung
Team
Tempo
Effizienz
Führung
Innovation
Schnittstelle
Bündelung
Entlastung
Vereinfachung
Ansprechpartner
Organisator
Subplaner
Ansprechpartner
Leistung
Subplaner
Verantwortung
Schnittstelle
Führung
Dienstleister
Koordination
Innovation
Generalplaner
Entlastung
Partner
Vertrag
Vertragsmodell
Effizienz
Vereinfachung
Generalplaner
Koordination
Bündelung
Verantwortung
Kommunikator
Leistung
Team
Effizienz
Geschäftsmodell
Geschäftsmodell
Partner
Führung
Kommunikator
Geschäftsmodell
Geschäftsmodell
Tempo
Bündelung
Subplaner
Vertragsmodell
Dienstleister
Reduktion
Vereinfachung
Organisator
Vertrag
Ansprechpartner
Generalplaner
Entlastung
Koordination
Leistung
Dienstleister
Schnittstelle
Koordination

Viele offene Fragen

Die erste Annäherung an den Generalplaner und sein Aufgabenfeld zeigt, dass noch viele Fragen offen sind. Einige Antworten sind in den nächsten Kapiteln zu finden:

- Welchen Mehrwert bringt das Generalplanermodell für die Stakeholder? → Seite 33
- Wer führt den Generalplaner? → Seite 40
- Welche Gefahren sind für die Stakeholder mit dem Generalplanermodell verbunden → Seiten 63, 69, 82
- Welche Art und welche Grösse von Projekten eignen sich für einen Generalplaner? → Seite 74
- Welche Bauherren sind geeignet für die Zusammenarbeit mit einem Generalplaner? → Seite 75
- Wie sollen die Verträge und die Honorierung ausgestaltet sein? → Seite 87
- Wie ist der Generalplaner in den geltenden Normen und Ordnungen eingebunden? → Seite 88
- Wie kann ein Generalplaner organisiert sein? → Seite 95
- Wie ist der Generalplaner in den Planungs- und Bauablauf eingebunden? → Seite 127
- Welche Rollen spielen die involvierten Personen und ihre Motivation? → Seite 133
- Welche Herausforderungen kommen künftig auf die Generalplaner zu? → Seite 145

B.2 Generalplanung schafft Mehrwert

[Summary]

Das Modell des Generalplaners generiert für alle Stakeholder einen Mehrwert. Aufseiten des Auftraggebers sorgt es beispielsweise für Entlastung und für eine rechtliche sowie administrative Vereinfachung. Die Planer wiederum profitieren von der Arbeit in einem interdisziplinären Team und haben weniger administrativen Aufwand. Der Generalplaner selber hat wiederum alle Fäden in der Hand. Mit den Chancen sind allerdings auch Herausforderungen verbunden. So funktioniert das Modell nur, wenn alle motiviert sind und die Teams auch wirklich miteinander arbeiten wollen.

Veränderte Anforderungen an Planer

Die Bau- und Immobilienbranche befindet sich in einem Wandel, der die Planenden laufend vor neue Herausforderungen stellt: Projekte müssen schneller umgesetzt werden als früher, Bauherren fordern kurze Planungszeiten und eine rasche Reaktion auf sich verändernde Anforderungen. Gleichzeitig agieren immer mehr Bauherren im Markt, für die das Bauen keine Kernkompetenz darstellt, etwa Versicherungen, Banken oder Pensionskassen. Viele Bauherren verschlanken ihre eigene Organisation (Konzentration auf Kernaufgaben) und besetzen die verbleibenden Positionen innerhalb des eigenen Unternehmens mit Baufachleuten, die ein professionelles Gegenüber schätzen. Zudem nimmt die Komplexität der Projekte sowie die Zahl der involvierten Spezialisten zu. Das kollaborative Modell des Generalplaners ist die passende Antwort darauf. Und gerade die dem Modell zugrunde liegende Form der Zusammenarbeit schafft einen wichtigen Teil des Mehrwerts für alle Beteiligten.

Der Generalplaner ist eine gute Antwort auf die heutigen Anforderungen.

Mehrwert als Erfolgsgarant

Der wachsende Erfolg des Generalplanermodells ist vor allem auf den Mehrwert zurückzuführen, den es für alle Beteiligten generiert. Um das Modell als Alternative zur Einzelvergabe an mehrere Planer weiter zu etablieren, ist es wichtig, dass alle Beteiligten seinen Mehrwert und die Vorteile für sich und für den eigenen Aufgabenbereich innerhalb des Projektablaufs kennen.

Je früher ein Generalplaner bestimmt wird, desto grösser ist der Mehrwert für die Bauherrschaft.

Best Practice

Kompetenz einfordern

Mehrwert für alle Beteiligten schaffen können Sie als Generalplaner nur, wenn auch die Bauherrschaft über die nötige Fachkompetenz verfügt. Dies ist nicht immer der Fall – insbesondere bei Auftraggebern, die nur selten Bauprojekte realisieren. Falls nötig, sollten Sie die Schaffung der Kompetenz auf Bauherrenseite aktiv einfordern. So kann die Bauherrschaft beispielsweise externe Fachleute beiziehen.

Mehrwert für den Generalplaner

- Beteiligt an der gesamten Wertschöpfung, von den ersten Ideenskizzen bis zur Schlüsselübergabe (abhängig vom Umfang des Auftrags)
- Freie Wahl der Partner respektive Planer (unter Umständen Mitsprache- und/oder Vetorecht des Bauherrn)
- Direkte vertragliche Anbindung der Planer
- Organisationsfreiheit
- Erweiterung des Betätigungsfelds
- Möglichkeit, komplexe Projekte zu betreuen
- Chance, einfache, werteorientierte Lösungen zu erarbeiten und anzubieten
- Kumulierung von Wissen über mehrere Mandate hinweg

Mehrwert für die Planer

- Kompetente und direkte Führung durch den Generalplaner mit klarem Informationsfluss
- Chance auf regelmässige Zusammenarbeit mit demselben Generalplaner
- Möglichkeit, zusammen mit anderen Planern im Team Lösungen zu erarbeiten
- Chance, innovative Lösungsansätze innerhalb eines Teams zu entwickeln
- Entlastung von Managementaufgaben
- Effizientere Abläufe
- Zugang zu Aufgaben und Projekten, die für einen Einzelanbieter aufgrund ihrer Grösse nicht infrage kommen
- Geringerer Akquiseaufwand (vor allem bei regelmässiger Zusammenarbeit mit demselben Generalplaner)
- Frühe Involvierung in Projekte, dadurch grössere Einflussmöglichkeit
- Chance für effektivere Projektabwicklung

Mehrwert für den Bauherrn

- Ein Vertragspartner
- Keine Verantwortung für Subplaner
- Filterung der Informationen aus dem Planerteam
- Klare Regelung der Haftung (Generalplaner haftet gegenüber dem Bauherrn allein)
- Weniger Schnittstellen
- Zugriff auf ein eingespieltes, interdisziplinäres Team
- Flexibler Partner für schwierige, schlecht zu definierende Aufgaben (zum Beispiel bei Renovationen)
- Fixe Kosten, transparente Struktur
- Zugriff auf das kumulierte Wissen eines erfahrenen Generalplaners
- Möglichkeit, dank interdisziplinärem Team mit erfahrenen Fachleuten das Projekt in einem frühen Stadium zu beeinflussen – dann, wenn die Hebelwirkung noch gross, das Kostenrisiko aber noch klein ist (siehe Grafik 8, Seite 34)
- Stabile und transparente Bauprozesse

Hinweis: Diese Aufstellung der Mehrwerte für die verschiedenen Stakeholder bildet den Idealfall ab und setzt eine optimale Regelung der Schnittstellen zwischen allen Beteiligten voraus.

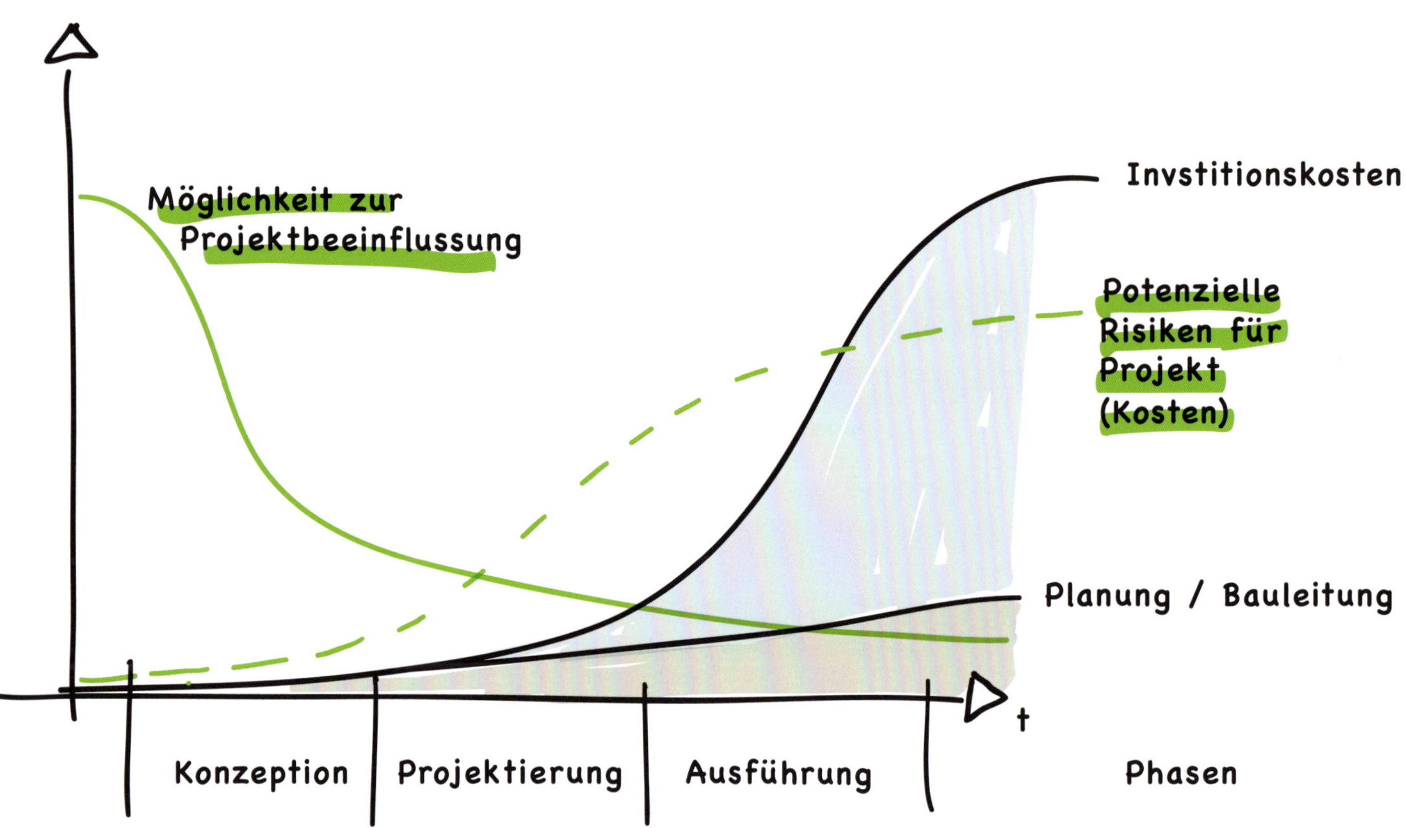

Grafik 8

Ein Bauprojekt kann nur zu Beginn der Planung massgeblich beeinflusst werden.

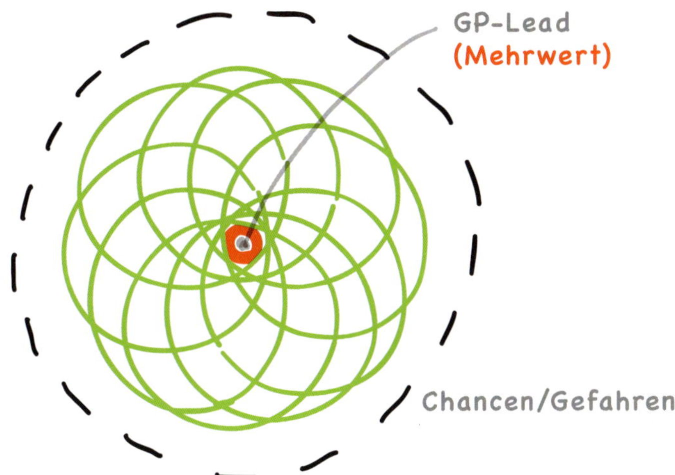

STAKEHOLDER
Generalplaner
Fachplaner / Spezialisten
Behörden
Investor / Bauherrschaft
Nutzer
Betreiber
Öffentlichkeit
Projektentwickler
Ausführende

Grafik 9

Der GP-Lead sorgt dafür, dass die Interessen der Stakeholder eine Schnittmenge bilden.

Mehrwert honorieren

Durch die Arbeit im Team erwirbt der Generalplaner von Projekt zu Projekt ein grösseres Wissen. Das kommt auch der Bauherrschaft zugute, beispielsweise durch die kontinuierliche Verbesserung der Prozesse oder durch den Gewinn von Kennzahlen und Messwerten, die für weitere Projekte mit demselben oder einem anderen Generalplaner genutzt werden können. Ein solcher Mehrwert muss entsprechend honoriert werden.

Neben den Chancen auch Gefahren

In ein Bauprojekt sind meist mehrere Dutzend Akteure involviert (siehe Grafik 9). Für sie alle beinhaltet das Modell des Generalplaners Chancen, aber auch Gefahren, die gegeneinander abgewogen werden müssen. Dabei geht es nicht nur um die involvierten Firmen, sondern vor allem auch um die hauptsächlich beteiligten Personen. Im Mittelpunkt steht dabei der GP-Lead. Er ist das «Gesamtgewissen» des Projekts – und zugleich auch ein möglicher Risikofaktor. Deshalb ist es wichtig, nicht nur eine passende Person als GP-Lead einzusetzen (siehe auch Seite 45), sondern auch dessen Stellvertretung sauber zu regeln und diese im Organigramm festzuhalten – frei nach dem Motto: Jeder ist ersetzbar.

Hinweis: Mehr zu den Chancen und Gefahren für die einzelnen Stakeholder ab Seite 61.

we

er?

Generalplaner, Planer, Bauherr

C

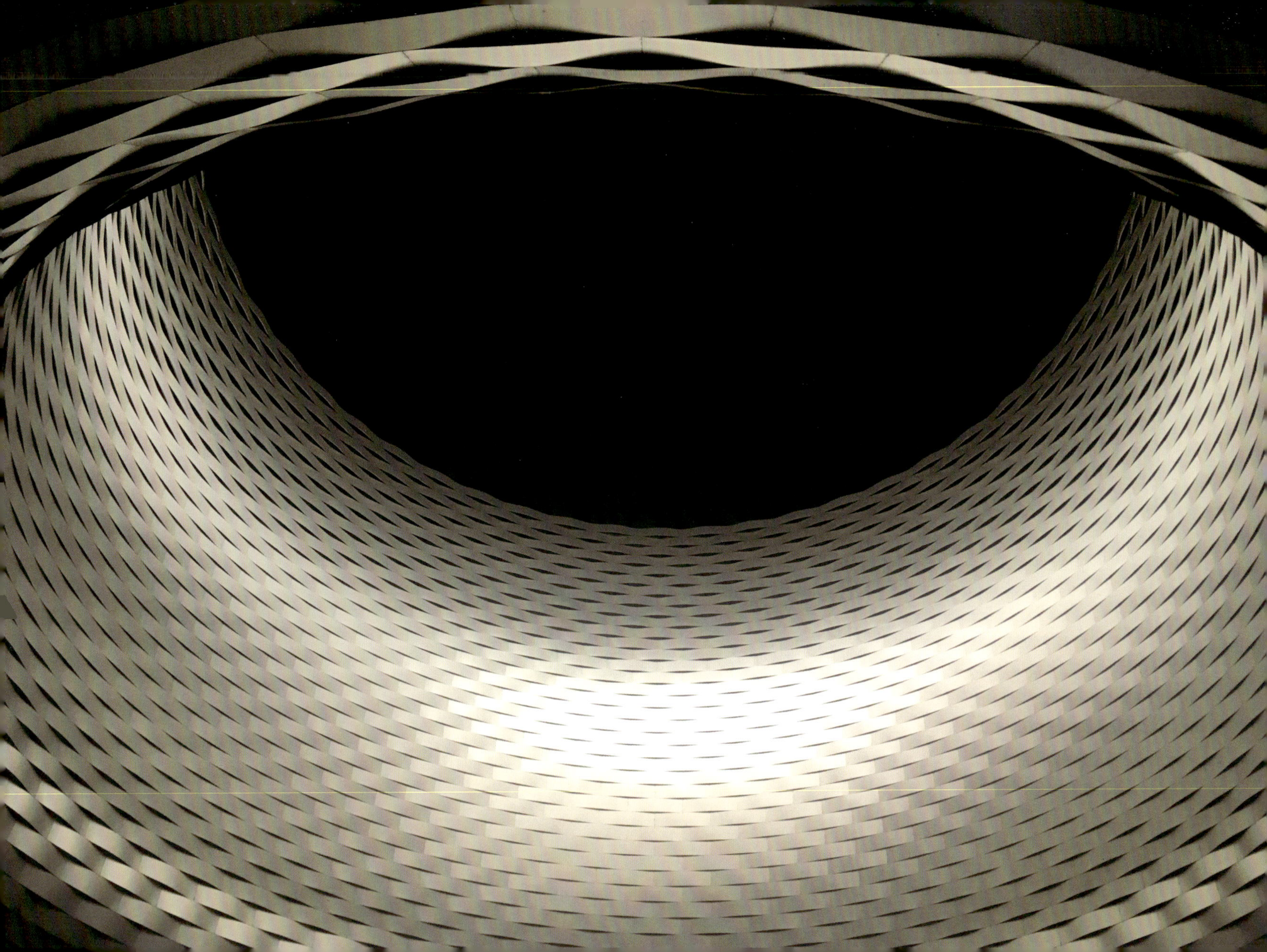

C.1 Beruf oder Berufung?

[Summary]

Bis heute existiert für den Generalplaner weder ein Lehrgang noch ein spezifisches Berufsbild. Klar ist: Zu den Aufgaben des Generalplaners gehören unter anderem die Führung des Planungsprozesses innerhalb einer virtuellen Organisation, das Verstehen und Umsetzen der Wünsche der Bauherrschaft und die Priorisierung der Aufgaben. Nur so ist der Generalplaner mit seinem Team in der Lage, auf dem Markt zu bestehen. Deshalb braucht der GP-Lead ausgeprägte Führungskompetenzen. Ebenso wichtig ist das Teamverständnis aller Beteiligten: Nur wenn sich alle in der Gesamtverantwortung sehen und den unabdingbaren Willen haben, Probleme zu lösen sowie ein Bauwerk zu erstellen, auf das alle stolz sind, stimmen am Schluss die Leistung und das Ergebnis.

DEN Generalplaner gibt es nicht

Eine Internetsuche nach «Anbieter von Generalplanerleistungen» liefert allein in der Deutschschweiz mehrere Dutzend Treffer. Studiert man die Angebote genauer, wird klar: Die Leistungen unterscheiden sich stark und reichen vom erweiterten Aufgabenfeld eines Architekten bis hin zur Übernahme komplexer Planungsaufgaben durch versierte Bauplanungsfirmen. Entsprechend wichtig sind präzise vertragliche Abmachungen. Die Internetrecherche zeigt auch: Reine Generalplanerunternehmen sind selten. Häufig übernehmen Architekturbüros neben Planerleistungen auch die Aufgabe des Generalplaners. «Generalplaner» scheint für viele Anbieter also in erster Linie ein interessantes Geschäftsmodell zu sein, um das eigene Angebot zu erweitern und Aufträge zu sichern. Denn immer mehr Bauherren suchen explizit nach Generalplanern.

Ist der Generalplaner nur ein gutes Geschäftsmodell?

Wer soll führen – Architekt, Ingenieur oder ... ?

Da viele Architekturbüros Generalplanerleistungen anbieten, übernehmen sie oft auch den GP-Lead – das zeigt eine Umfrage im Rahmen einer Masterarbeit an der ETH Zürich (siehe Grafik 10, Seite 42). Doch nicht immer ist der Architekt die richtige Person für diese Aufgabe:

- Führen erfordert spezifische Fähigkeiten, die ein Architekt nicht per se mitbringt.
- Vor allem bei grösseren und komplexeren Bauaufgaben braucht es einen neutralen GP-Lead, der die Fähigkeit hat, mit dem ganzen Team der involvierten Planer das Ziel im gegebenen Zeitrahmen zu erreichen. Dem Architekten als einem der wichtigsten Planer fehlt dabei unter Umständen die nötige Unabhängigkeit.

Best Practice

Vermeiden Sie Doppelmandate

Die Erfahrung aus zahlreichen grossen Projekten, die mit Generalplanern realisiert wurden, zeigt: Der GP-Lead sollte nicht gleichzeitig als Planer, zum Beispiel als Architekt, involviert sein. Tritt Ihr Architekturbüro als Generalplaner auf, ist eine klare Trennung der Funktionen wichtig: Ein Büromitglied mit Entwurfserfahrung übernimmt den Part des Fachplaners Architektur, ein anderes Mitglied mit ausgeprägter Führungsstärke den Part des Generalplaners. Optimalerweise werden die Aufgaben des Architekten und des GP-Leads auf zwei Unternehmen verteilt. Das ermöglicht einerseits eine gegenseitige Kontrolle und erhöht andererseits die Motivation.

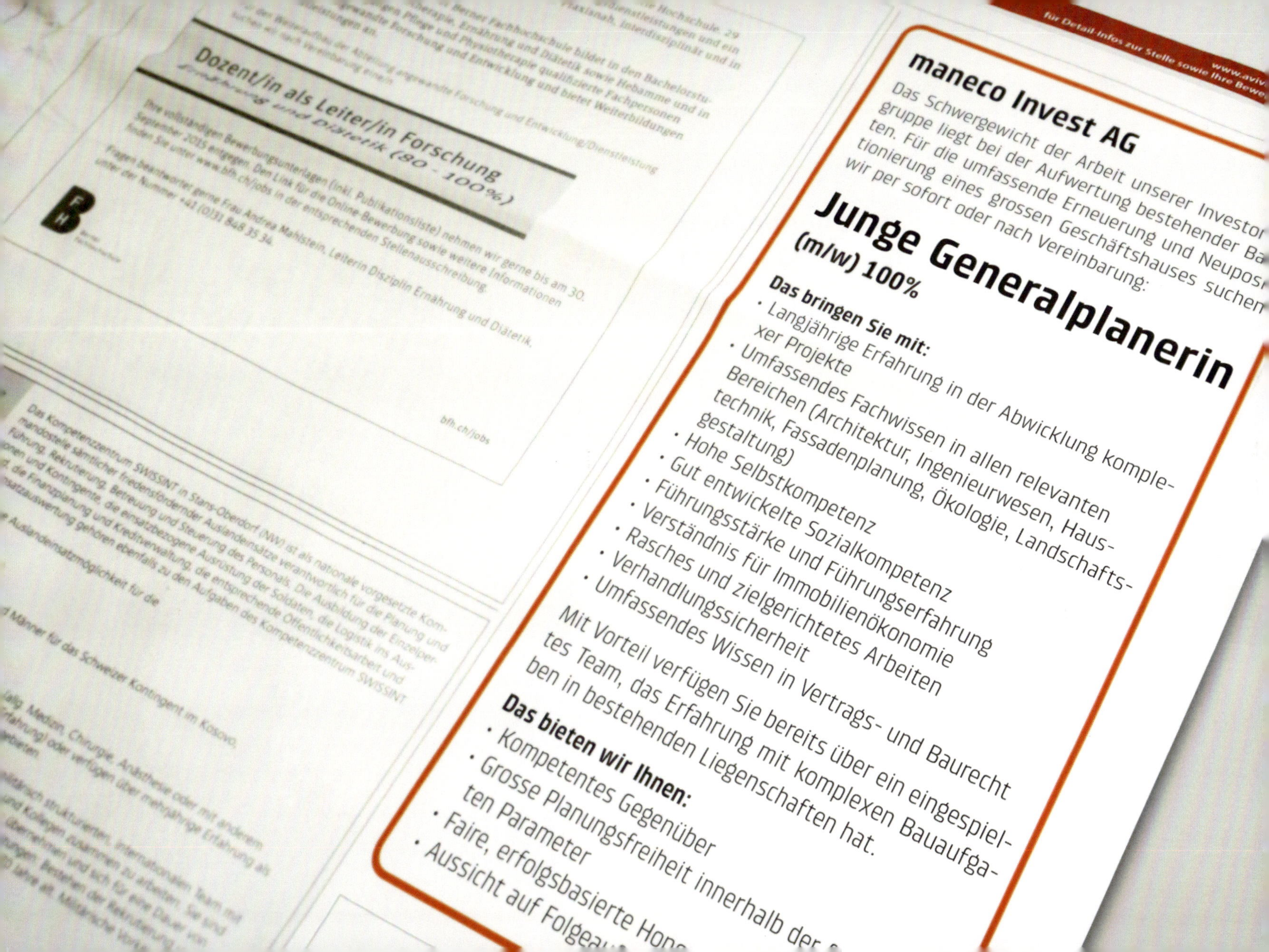
Dozent/in als Leiter/in Forschung
Ernährung und Diätetik (80 - 100%)
bfh.ch/jobs
maneco Invest AG
Das Schwergewicht der Arbeit unserer Investor
gruppe liegt bei der Aufwertung bestehender Ba
ten. Für die umfassende Erneuerung und Neuposi
tionierung eines grossen Geschäftshauses suchen
wir per sofort oder nach Vereinbarung:
Junge Generalplanerin
(m/w) 100%
Das bringen Sie mit:
• Langjährige Erfahrung in der Abwicklung komple-
xer Projekte
• Umfassendes Fachwissen in allen relevanten
Bereichen (Architektur, Ingenieurwesen, Haus-
technik, Fassadenplanung, Ökologie, Landschafts-
gestaltung)
• Hohe Selbstkompetenz
• Gut entwickelte Sozialkompetenz
• Führungsstärke und Führungserfahrung
• Verständnis für Immobilienökonomie
• Rasches und zielgerichtetes Arbeiten
• Verhandlungssicherheit
• Umfassendes Wissen in Vertrags- und Baurecht
Mit Vorteil verfügen Sie bereits über ein eingespiel-
tes Team, das Erfahrung mit komplexen Bauaufga-
ben in bestehenden Liegenschaften hat.
Das bieten wir Ihnen:
• Kompetentes Gegenüber
• Grosse Planungsfreiheit innerhalb der
ten Parameter
• Faire, erfolgsbasierte Hono
• Aussicht auf Folgeau

- Die Trennung zwischen Führungs- und Managementaufgaben einerseits und der Fachplanung andererseits ist die bessere, neutralere Lösung. Sie schafft klare Strukturen und minimiert das Risiko von Interessenkonflikten.

Die Führung des Generalplaners (GP-Lead) kann nicht ein Team übernehmen!

Führung und Team

Im Alltag wird der Generalplaner oft als Team von Planern wahrgenommen, und man spricht gern auch vom Generalplanerteam. Nicht zuletzt deshalb entsteht der Eindruck, beim Generalplaner sei die Führung Teamarbeit. Diese Wahrnehmung ist falsch: Wie jedes andere Unternehmen wird die Generalplanung von einer einzelnen Person angeführt, vom GP-Lead. Dieser trifft, gestützt auf die Vorschläge der Planer, die relevanten Entscheide, ist der Hauptansprechpartner des Bauherrn und trägt die Gesamtverantwortung. Teamarbeit ist hingegen bei den vom Generalplaner beauftragten Planern für die verschiedenen Fachrichtungen gefragt. Sie stehen hierarchisch auf einer Stufe (siehe Grafik 22, Seite 103) und arbeiten eng zusammen.

Was ist Führung?

Darüber, was «Führung» genau ist, bestehen sehr unterschiedliche Ansichten. Schon griechische Denker wie Aristoteles überlegten sich, wie beispielsweise ein Staat zu führen sei. Jede spätere Gesellschaft definierte den Begriff ihrer Zeit entsprechend neu. Ein moderner Ansatz ist die werteorientierte Führung. Diese konzentriert sich auf den Shareholder-Value-Ansatz und hat das Ziel, mit ihrem Handeln sowie geeigneten Absicherungen den Bestand und das Überleben eines Unternehmens zu sichern. Führen

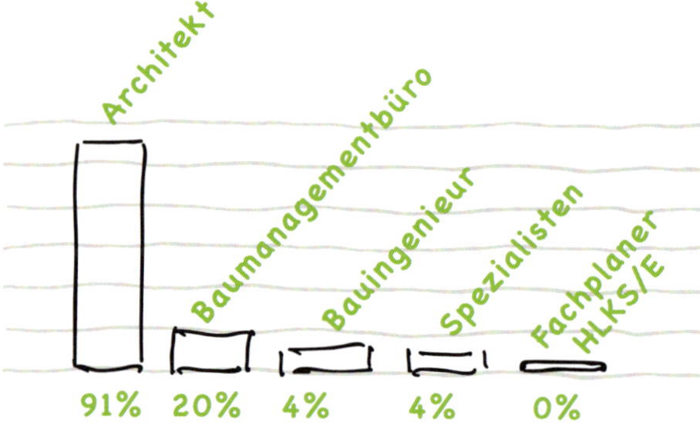

Grafik 10

Ein Grossteil der Generalplanerprojekte wird durch Architekten geführt.[3)]
Hinweis: Mehrfachnennungen waren möglich.

[3)] Christian Strähl, Generalplanung – ein Modell für die Zukunft?, Zürich, 2014, S. 30

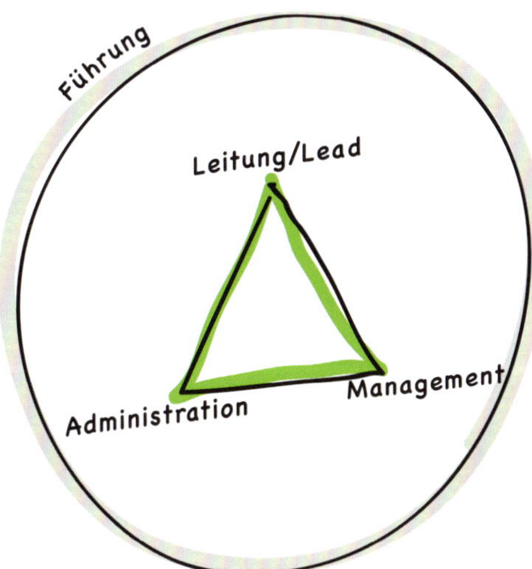

Grafik 11

Wer erfolgreich führen will, muss diese drei Elemente zusammenhalten.

bedeutet in diesem Zusammenhang in erster Linie, Verantwortung zu übernehmen. Dabei stehen sechs Bereiche im Vordergrund (siehe auch Grafik 12, Seite 44, innerer Bereich):

- Orientierung an den Resultaten
- Ganzheitliches Denken
- Konzentration auf das Wesentliche
- Nutzen vorhandener Stärken
- Vertrauen
- Erkennen und Nutzen von Chancen

Führen heisst aber nicht nur, Verantwortung zu übernehmen, sondern auch, die drei Elemente Management, Administration und Leitung zusammenzuhalten (siehe Grafik 11).

Bauherr

Seien Sie kritisch!

Der GP-Lead ist die zentrale Schlüsselperson in der gesamten Planungsphase und Ihr Hauptansprechpartner. Entsprechend wichtig ist es, dass die Chemie zwischen Ihnen als Bauherrn oder Bauherrin und dem GP-Lead stimmt. Seien Sie deshalb bei seiner Wahl besonders kritisch: Sie müssen überzeugt sein von seiner Kompetenz, und auch das Bauchgefühl muss stimmen.

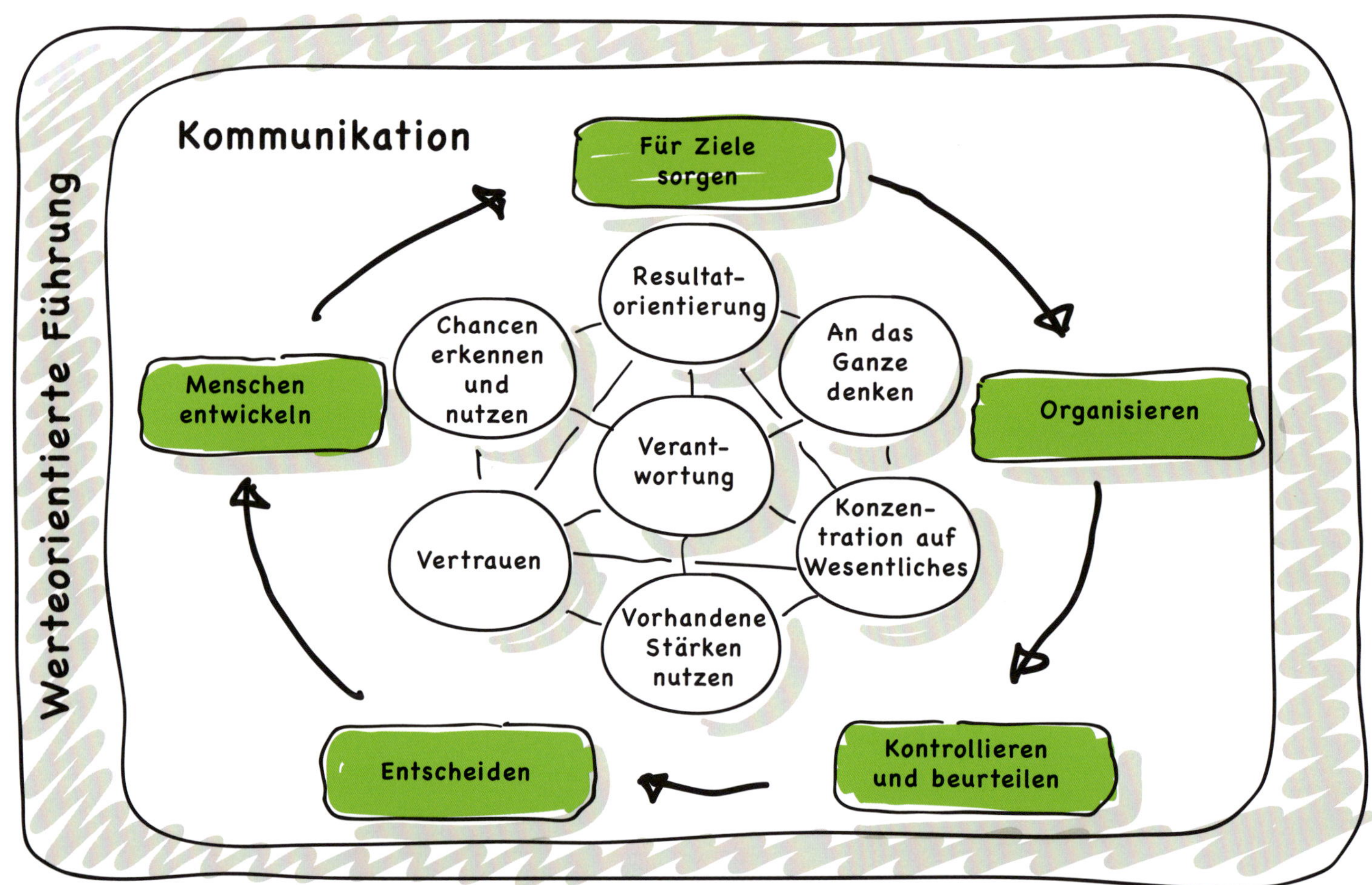

Grafik 12

Eine werteorientierte Führung erfordert ausgeprägte kommunikative Fähigkeiten.
(Quelle: Nach Uwe Neumann, angelehnt an Drucker/Malik)

sia

Verständigungsnorm

Im Modell Bauplanung SIA 112 (2014) werden die Planungsprozesse gegliedert und Begriffe, unter anderem der des Generalplaners, definiert.

Wie führt man?

Eine werteorientierte Führung erfordert vor allem ausgeprägte kommunikative Fähigkeiten. Sie helfen, folgende Aufgaben zu erfüllen:

- Für Ziele sorgen
- Organisieren
- Kontrollieren und beurteilen
- Entscheiden
- Menschen entwickeln
- Chancen erkennen und nutzen
- An das Ganze denken
- Vorbild sein
- Konzentration auf Wesentliches
- Resultatorientiert arbeiten

Spezielle Eigenschaften des «Homo Generalplaner»

Neben den klassischen Führungskompetenzen muss ein Generalplaner weitere spezifische Fähigkeiten mitbringen:

- Talent im Organisieren, Moderieren und Motivieren
- Hoch entwickelte kommunikative Fähigkeiten sowie ein ausgeprägtes vernetztes Denken
- Flair für die Funktion als Mittler zwischen Auftraggeber und Planenden
- Fähigkeit, aus momentanen Problemen künftige Chancen zu machen
- Ausrichtung auf Wertmaximierung – sowohl für den Bauherrn als auch für den Generalplaner
- Verständnis für verschiedene Disziplinen und Berufsgattungen
- Fähigkeit, komplexe Themen einfach, kurz und für Laien verständlich aufzubereiten
- Sensorium für die Stimmung im Team

Im Klartext: Wer in einer Führungsfunktion tätig ist, benötigt Methodenkompetenz, Selbstkompetenz und Sozialkompetenz (siehe Seite 46).

Nur wer weiss, welche Verantwortung er übernimmt, kann Verträge richtig ausgestalten und ein angemessenes Honorar verlangen.

C1

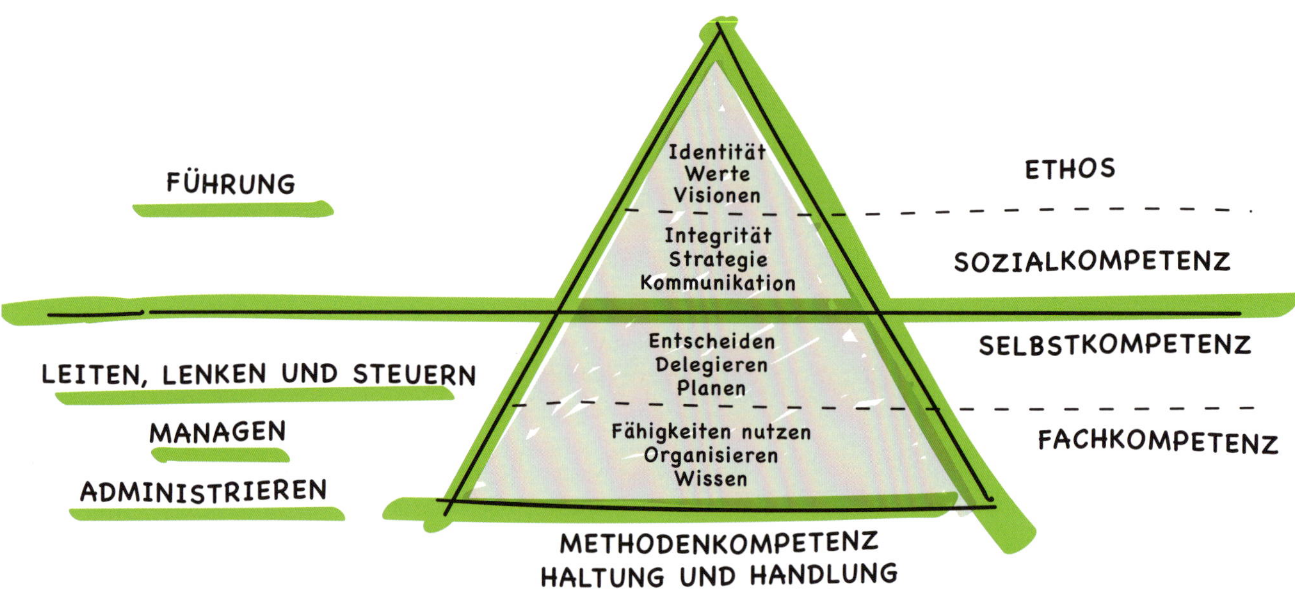

Der Generalplaner vereinfacht die Führung

Im klassischen Planermodell gemäss SIA sind die einzelnen Planer vertraglich an die Bauherrschaft gebunden. Der Architekt oder Gesamtleiter führt zwar im Rahmen seiner Treue- und Sorgfaltspflicht die anderen Planer, hat aber keine Möglichkeit, direkte Sanktionen auszusprechen. Dies ist dem Bauherrn als Vertragspartner der Planer vorbehalten.

Der Generalplaner hingegen ist gegenüber den Planern nicht nur weisungsberechtigt, sondern er kann notfalls – dank der direkten vertraglichen Anbindung – auch Sanktionen aussprechen oder über eine Bonuszahlung befinden. Das vereinfacht die Zusammenarbeit und entlastet den Bauherrn ein Stück weit von der Verantwortung für die einzelnen Planer.

Grafik 13

Handlungs- und Methodenkompetenz in Relation zur Führung.

Best Practice

Übernehmen Sie 100 Prozent der Grundleistungen

Auftrag oder Werkvertrag? Diese Frage stellt sich bei der Arbeit von Planern im Baubereich immer wieder und hat weitreichende Auswirkungen auf den Umfang der Haftung und weitere Aspekte. Wenn Sie als Generalplaner 100 Prozent der Grundleistungen gemäss SIA übernehmen, gilt gemäss bundesgerichtlicher Praxis je nach konkreter Leistung Auftrags- oder Werkvertragsrecht. Umfasst der Vertrag hingegen nicht 100 Prozent der Leistungen, gilt für die einzelnen Arbeiten je nachdem Auftrags- oder Werkvertragsrecht. Zudem sind in diesem Zusammenhang die Allgemeinen Vertragsbedingungen der SIA (z.B. Art. 1 LHO 102) zu beachten, soweit diese für anwendbar erklärt wurden.

Haftung und Verantwortung

Als Geschäftspartner des Auftraggebers übernimmt der Generalplaner die Haftung und Verantwortung für sein eigenes Handeln und für dasjenige der von ihm beauftragten Planer. Den Rahmen für die Haftung und Verantwortung setzen dabei die im Vertrag festgehaltenen Abmachungen zwischen Bauherrschaft und Generalplaner (allenfalls inklusive LHO 102, 103 etc., soweit diese im Vertrag anwendbar erklärt wurden) sowie das Vertragsrecht im Obligationenrecht. Denn je nachdem, ob die gelieferte Arbeit dem Auftrags- oder dem Werkvertragsrecht untersteht, unterscheidet sich zum Beispiel der Umfang der Haftung.

Ein Job für Erfahrene

Studiengänge sowie Aus- und Weiterbildungen im Bau- und Managementbereich schaffen ein gutes Fundament für die künftige Führungsaufgabe als Generalplaner. Doch was wirklich zählt, ist Erfahrung. Nur wer die Projektierung und Realisierung zahlreicher Bauvorhaben begleitet hat und den Umgang mit raschen Veränderungen gewohnt ist, weiss, wo die Knackpunkte liegen, wann man ein Team an der langen Leine lassen kann und wann man die Zügel anziehen muss.

Das Team ist der Regelfall

Generalplaner sind zwar hierarchisch organisiert, in der täglichen Arbeit aber keine Einzelkämpfer, sondern Teamplayer. In der Regel wird jeder Fachbereich durch einen spezialisierten Planer abgedeckt – beispielsweise durch den Bauingenieur, die Haustechnikplanerin oder den Holzbauingenieur. Sie alle bilden zusammen das Planerteam. Damit ein solches Team wirklich funktioniert und die beste Leistung erbringen kann, müssen folgende Voraussetzungen erfüllt sein:

- Alle Teammitglieder stehen auf derselben hierarchischen Stufe (nicht zu verwechseln mit der juristischen Organisation und dem Organigramm des Generalplaners selbst, siehe Seite 101).

- Jedes Teammitglied übernimmt eine eigene, klar spezifizierte Aufgabe. Diese wird schriftlich definiert.
- Alle Teammitglieder arbeiten auf ein gemeinsames Ziel hin und unterstützen sich gegenseitig bei der Arbeit.
- Jedes Mitglied versteht die Teamleistung als seinen persönlichen Mehrwert.
- Alle Teammitglieder haben dieselbe Kultur und dasselbe Verständnis von der Aufgabe (siehe Grafik 14).

Die Teamkiller

- *Fachliche Hierarchie*
- *Unklare Zieldefinition*
- *Kompetenzüberschneidungen*
- *Kompetenzlücken*
- *Divergierende Unternehmenskulturen*
- *Fehlende Akzeptanz des GP-Leads*
- *Mangelhafte Kommunikation*
- *Verantwortungsverweigerung*
- *Kapazitätsprobleme*
- *Fehlende Motivation einzelner Planer*

Die Kunst des GP-Leads besteht darin, aus Planern, die sonst oft als Einzelkämpfer unterwegs sind, ein Team zu formen, für das die erfolgreiche Umsetzung des Projekts zuvorderst steht.

Best Practice

Fördern Sie den Nachwuchs

Nachwuchskräfte haben es in der Planerbranche schwer. Oft sind sie rasch verschlissen oder erhalten kaum die Chance, selbstständig Erfahrung zu sammeln. Doch genau die braucht es, um später den GP-Lead übernehmen zu können. Binden Sie deshalb wo immer möglich junge Baufachleute in Ihre Teams ein, geben Sie ihnen die Chance, Führungserfahrung zu sammeln, und stellen Sie ihnen einen erfahrenen Coach zur Seite – sonst besteht das Risiko, den Nachwuchs schnell zu verheizen.

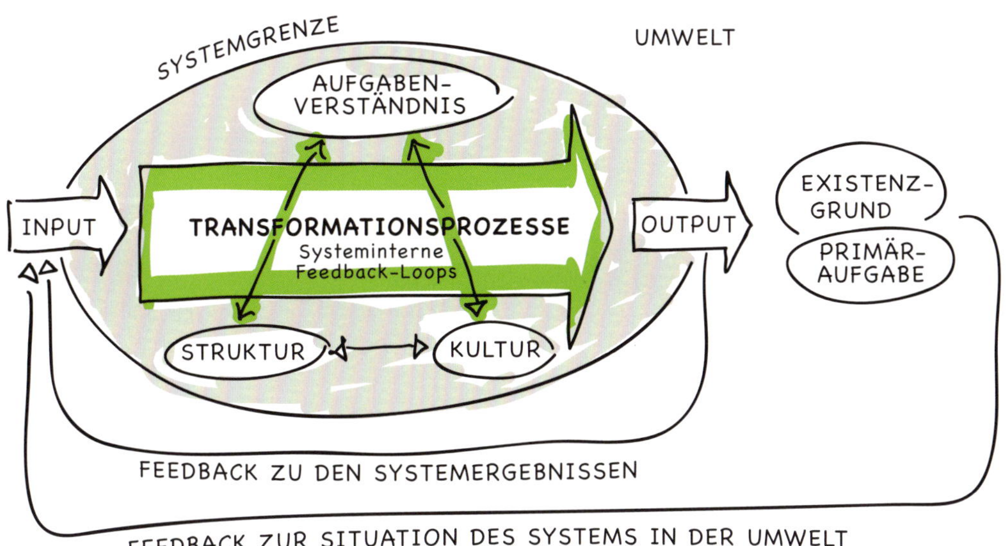

Grafik 14

Erfolgreiche Teams legen Wert auf systeminterne Feedback-Loops.

(Quelle für die Grafik: T. Steiger, Organisationsverständnis, in: T. Steiger, E. Lippmann (Hrsg.), Handbuch Angewandte Psychologie für Führungskräfte, Springer Verlag, Berlin, Heidelberg 2013, 4. Auflage)

Das zeigt die Grafik

Das gemeinsame Ziel von Gruppenmitgliedern bestimmt den Existenzgrund ihrer Organisation. Die Primäraufgabe wird im sogenannten Transformationsprozess erfüllt. Dieser hat einen klaren Start- und Endpunkt. Die Gruppenmitglieder werden innerhalb der Organisation durch die Beziehung zwischen Struktur, Aufgabenverständnis und Kultur geprägt. Dabei bestimmen Rolle und Handlung des Einzelnen nachhaltig die Organisation als Ganzes. Die Theorie geht von zwei weiteren wesentlichen Wirkungen aus: Zum einen stehen Struktur, Aufgabenverständnis und Kultur in einer Wechselwirkung zueinander, zum andern leiten sich letztlich sowohl der Existenzgrund als auch die Primäraufgabe der Organisation daraus ab.

Bei der Wahl eines geeigneten Organisationsmodells für ein Projekt sind deshalb neben der zu evaluierenden Struktur die Aufgabendefinition als gemeinsamer Nenner und die Kultur als Variable die zu beachtenden Grössen. Erfahrungen zeigen, dass aus diesem Grund die Entscheidung für ein bestimmtes Modell später nur mit erheblichen Risiken zu revidieren ist.

C
1

Habe ich das Zeug zum GP-Lead?

Kreuzen Sie für jedes Thema das zutreffende Feld an. Zählen Sie die Kreuze pro Spalte zusammen. Haben Sie mindestens 9-mal «ja» oder «eher ja» angekreuzt, bringen Sie gute Voraussetzungen für den GP-Lead mit. Lassen Sie sich mit derselben Tabelle auch von Ihren Arbeitskollegen sowie anderen Personen aus Ihrem Umfeld beurteilen und vergleichen Sie die Resultate mit Ihrer eigenen Einschätzung.

	ja	eher ja	weder noch	eher nein	nein
Ich bin es gewohnt, Verantwortung zu übernehmen.	☐	☐	☐	☐	☐
Ich habe das nötige Selbstvertrauen, um ein Team zu führen.	☐	☐	☐	☐	☐
Ich nehme Kritik ernst und kann damit umgehen.	☐	☐	☐	☐	☐
Ich habe klare Wertvorstellungen und kann diese auch anderen gegenüber kommunizieren.	☐	☐	☐	☐	☐
Ich bringe aufgrund meiner Ausbildung und Erfahrung die nötige Fachkompetenz mit.	☐	☐	☐	☐	☐

	ja	eher ja	weder noch	eher nein	nein
Ich kann mich gut in andere Menschen hineinversetzen.	☐	☐	☐	☐	☐
Ich nehme die Anliegen meiner Mitarbeitenden ernst.	☐	☐	☐	☐	☐
Ich verhalte mich gegenüber Mitarbeitenden stets fair und der Situation angemessen.	☐	☐	☐	☐	☐
Ich bin bereit, mir für jeden Aufgabenbereich die passenden Teammitglieder zu suchen.	☐	☐	☐	☐	☐
Ich habe kein Problem damit, wenn alle Teammitglieder auf derselben hierarchischen Stufe stehen.	☐	☐	☐	☐	☐

	ja	eher ja	weder noch	eher nein	nein
Ich lege die Aufgaben der Teammitglieder so fest, dass sie sich nicht überschneiden.	☐	☐	☐	☐	☐
Ich sorge dafür, dass einzelne Teammitglieder sich nicht in die Bereiche anderer einmischen.	☐	☐	☐	☐	☐
Ich verfüge über Organisationstalent.	☐	☐	☐	☐	☐
Es fällt mir leicht, die Funktion des Moderators zu übernehmen.	☐	☐	☐	☐	☐
Ich verfüge über die Fähigkeit, immer den Blick fürs Ganze zu haben.	☐	☐	☐	☐	☐

	ja	eher ja	weder noch	eher nein	nein
Ich kann mich gut in andere Berufsgattungen und Disziplinen versetzen.	☐	☐	☐	☐	☐
Es fällt mir leicht, Dinge zusammenzufassen und für alle Beteiligten verständlich zu machen.	☐	☐	☐	☐	☐
Ich habe eine hohe Affinität zu digitalen Tools.	☐	☐	☐	☐	☐
Total					

C
1

KIBAG Aus gutem
KIBAG
KIBAG
KIBAG

C.2 Manager in Schlüsselposition

[Summary]

Bei der Planung eines Projekts nimmt der Generalplaner eine Schlüsselposition ein. Er trägt die Verantwortung für die gesamte Planung und in den meisten Fällen auch für die Ausführung. Wichtig für den Erfolg als Generalplaner ist die Wahl des passenden Managementmodells. Es muss sowohl hierarchische Züge (top-down) aufweisen als auch eine Durchlässigkeit von unten nach oben (bottom-up), um die involvierten Subplaner einzubinden.

Projektmanagement: top-down oder bottom-up?

Werden Bauprojekte auf traditionelle Weise geplant und geleitet, kommt oft das klassische Top-down-Modell zum Einsatz (siehe Grafik 15): Der Bauherr beauftragt einen Projektmanager (PM), zum Beispiel einen Architekten, mit der Durchführung des Projekts. Dieser wiederum erteilt den Fachplanern sowie den Ausführenden die Aufträge. Operative und strategische Ebene sind klar getrennt, Rückmeldungen und Inputs von unten nach oben nicht vorgesehen.

Übernimmt ein Generalplaner die Aufgabe, funktioniert dieser Ansatz nicht. Hier ist der Austausch über alle Ebenen hinweg und in beide Richtungen ein Kernbestandteil der Zusammenarbeit (siehe Grafik 16). Deshalb sind Managementmodelle gefragt, die eine Balance von hierarchischer Gliederung und Einbezug aller Ebenen ermöglichen – optimal ist eine Verknüpfung von top-down und bottom-up.

Hierarchische Elemente braucht es dennoch. Der Generalplaner übernimmt gegenüber dem Bauherrn die volle Verantwortung für das Planungsteam – also muss er auch gegenüber den von ihm beauftragten Planern entscheidungsberechtigt sein. Handkehrum müssen die Planer im Team gleichberechtigt mitarbeiten und ihre Sicht einbringen können. Denn nur dank ihren Inputs und ihrem Fachwissen kann der Generalplaner einen Mehrwert für das Projekt und das Team erzielen. Ihm selber kommt dabei die Rolle eines Mittlers zwischen Auftraggeber und Planern zu. Er entscheidet anhand der Inputs seiner Planer und übernimmt die Hauptverantwortung. Ohne jegliche Hierarchie wäre dies nicht möglich.

Der Generalplaner braucht ein Managementmodell, das sowohl Elemente der Hierarchie als auch der Durchlässigkeit bietet.

Grafik 15

Generalplanung funktioniert als Top-down-Modell nicht.

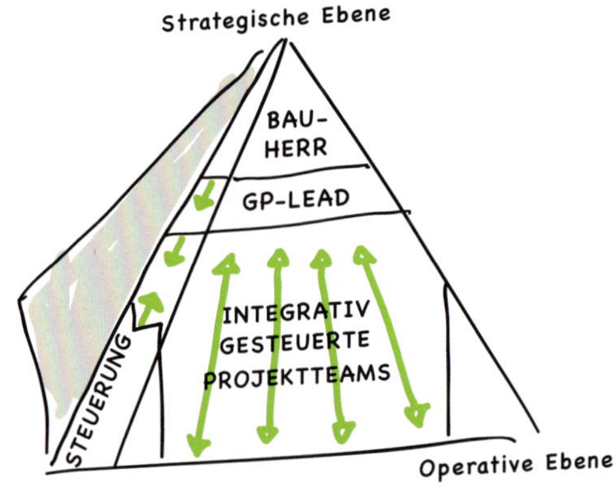

Grafik 16

Erfolgreiche Generalplanung erfordert einen Austausch über alle Ebenen hinweg.

Zukunft

Neue Zusammenarbeitsmodelle

Die Planungs- und Bauwirtschaft befindet sich derzeit in einer Übergangsphase. Ein Grossteil der Projekte wird noch mit den traditionellen Modellen abgewickelt. Parallel dazu fassen im Zug der Digitalisierung neue Formen der Zusammenarbeit langsam Fuss (siehe auch Seite 157). Sie setzen nicht mehr nur auf die bisherigen Beauftragungs- und Vertragsmodelle, sondern auf eine verstärkte Kollaboration aller am Projekt Beteiligten. Sprich: Künftig wird immer häufiger parallel vernetzt und basierend auf Daten sowie Modellen gearbeitet. Das hat direkten Einfluss auf die Funktion des Generalplaners und insbesondere auch auf das Projektmanagement. Die Pyramidenmodelle (siehe Seite 54) werden dabei aufgebrochen und das Management erfolgt nicht mehr nur von oben nach unten, sondern bottom-up, top-down und quer durch alle Ebenen. Zukunftsorientierte Generalplaner und vor allem deren GP-Lead sollten sich bereits heute mit den neuen agilen Modellen und den Auswirkungen auf ihre Arbeit auseinandersetzen.

Welches Modell passt?

In der Managementliteratur finden sich Dutzende Modelle für die Führung von Projekten (siehe Literaturverzeichnis). Welches für die jeweilige Bauaufgabe geeignet ist, hängt von verschiedenen Faktoren ab. Dazu gehören:

- Projektziel
- Beteiligte
- Aufgabenstellung
- Gewählte Form der Zusammenarbeit
- Organisationsform der Bauherrschaft
- Zeit- und Kostenrahmen
-
-
-
-
-
-

Business Engineering
St. Galler Management-Modell
SIB-Führungsmodell
Balanced Scorecard
Supply Chain Management
St. Galler Management-Modell
Kaizen
Results Based Leadership
Customer Relationship Management
Balanced Scorecard
Kaizen
Integrated Performance Management
Lean Project Delivery
Pareto-Prinzip
Six Sigma
Balanced Scorecard
Result Oriented Management
SIB-Führungsmodell
Pareto-Prinzip
Lean Project Delivery
Value Based Management
Management by Objectives
Competing Values Framework
Management by Objectives
Results Based Leadership
Scrumble-Management
Six Sigma
Unbundling
Management-Modell
Scrumble-Management
Integrated Performance Management
Lean Management
Supply Chain Management
Unbundling
St. Galler
Total Quality Management
Total Quality Management
Six Sigma
Balanced Scorecard
Competing Values Framework
Result Oriented Management
Lean Management
Lean Management
Business Engineering
Total Product Management
Value Based Management
Customer Relationship Management
Customer Relationship Management
Total Product Management
Unbundling
Management by Objectives
Total Quality Management
Results Based Leadership

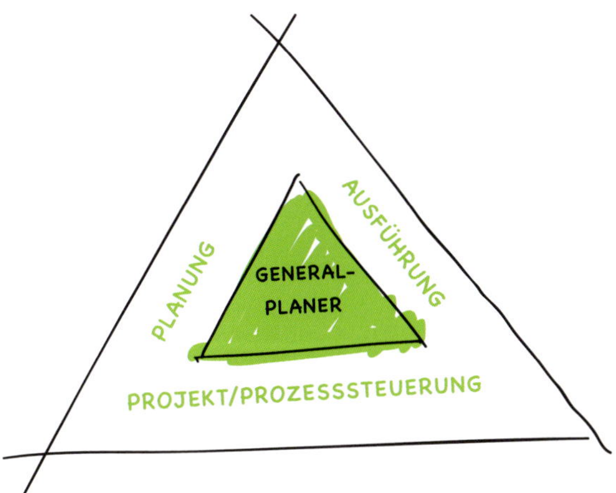

Grafik 17

Der Generalplaner übernimmt eine Schlüsselposition.

Planung: Entwurf und Gestaltung des Bauprojekts
Ausführung: Erstellung des geplanten Bauprojekts
Projekt/Prozesssteuerung: Projektziel des Bauherrn sowie Steuerung von Planung und Bauausführung zur Erreichung dieses Projektziels

Unabhängig davon muss das gewählte Projektmanagementmodell auf jeden Fall folgende Bedingungen erfüllen:

- Es muss so flexibel sein, dass man auf Änderungen während des Projektablaufs reagieren kann. Dabei muss der optimale Mittelweg zwischen der nötigen Flexibilität und den daraus resultierenden Kosten gefunden werden.
- Es muss sowohl von oben nach unten wie auch von unten nach oben durchlässig sein (top-down und bottom-up).
- Es muss für alle Beteiligten Anreize schaffen, sich einzubringen und an einem Strick zu ziehen.

Die Funktion des Generalplaners im Projekt

Innerhalb des Projektablaufs übernimmt der Generalplaner eine Schlüsselposition. Diese lässt sich durchaus mit derjenigen der Baumeister im Mittelalter vergleichen. Der Generalplaner trägt die Verantwortung für die Wertmaximierung und ist Sammelstelle für alle Informationen. Bei ihm laufen die Fäden zusammen, er kondensiert und koordiniert die Inputs der Planer, kümmert sich um die Termine und ist der wichtigste Ansprechpartner für den Bauherrn.

Gesamtleitung ≠ Generalplanung

Oft wird in der Praxis das Aufgabenspektrum des Generalplaners fälschlicherweise mit dem des Gesamtleiters gemäss SIA LHO 102–108 gleichgesetzt. Doch die Gesamtleitung ist nur ein Teil des Verantwortungsbereichs des Generalplaners (siehe Seite 58).

Vom Gesamtleiter zum Generalplaner

Das Honorarmodell LHO 102–108 des SIA propagiert den Gesamtleiter als wichtigste Person für die Planung und Ausführung eines Bauprojekts. In der Tat übernimmt der Gesamtleiter zahlreiche Aufgaben (siehe linke Spalte), die sich mit denen des Generalplaners decken. Dessen Verantwortungsbereich ist aber einiges grösser – nur schon aufgrund der vertraglichen Bindung mit den anderen Planern – und umfasst deshalb in der Regel ein erweitertes Aufgabenspektrum (siehe rechte Spalte).

Aufgaben des Gesamtleiters *
(gemäss SIA LHO 102–108)

- Beratung der Bauherrschaft
- Kommunikation mit dem Bauherrn und mit Dritten
- Rechtzeitige Bereitstellung von Entscheidungsgrundlagen für die Bauherrschaft
- Rechtzeitige Formulierung von Anträgen an den Bauherrn
- Erstellung der Aufbau- und der Ablauforganisation
- Erstellung von periodischen Berichten zum Stand des Projekts
- Sicherstellung des Submissions-, Bestell- und Rechnungswesens
- Erfüllung der Leistungs- und Sorgfaltspflichten in Bezug auf die Einhaltung der von der Bauherrschaft formulierten Ziele zu Qualität, Kosten und Terminen
- Organisation und Leitung einer koordinierten, projektbezogenen Qualitätssicherung
- Koordination der Leistungen aller Beteiligten
- Fachliche und administrative Leitung des Planerteams
- Nachführung des Projektpflichtenhefts

Zusätzliche Aufgaben, die der Generalplaner fallweise übernimmt

- Akquisition des GP-Mandats
- Planerbeschaffung und Leistungsdefinition
- Abschluss der Honorarverträge
- Zuständigkeit für das Honorarrechnungswesen
- Bearbeitung und Bündelung aller Informationen zwischen Bauherrschaft und Planerteam (exklusive Schnittstelle)
- Hohe Präsenz bei praktisch allen Besprechungen und Sitzungen (inklusive Sitzungsnebenarbeiten)
- Vorbereitung, Gestaltung, Abschluss und Abwicklung der Honorarverträge
- Koordination der Versicherungen (siehe Seite 90)
- Ausrichten der Planungsprozesse auf digitale oder agile Methoden (zum Beispiel BIM oder Lean Construction)

* Abhängig von der Aufgabenstellung und der Komplexität des Projekts

Die Rolle des Generalplaners ist mehr als die des klassischen Gesamtleiters gemäss SIA 102 und muss bewusst sowie professionell wahrgenommen werden.

Marc Righetti, CEO und Founder
Righetti Partner Group AG, Zürich

C.3 Die Seite des Generalplaners

[Summary]

Die Übernahme eines Generalplanermandats bedeutet für den Generalplaner nicht nur mehr Handlungsspielraum, sondern auch eine grosse Verantwortung und viele Aufgaben. Nur wenn er richtig aufgestellt und sich der möglichen Gefahren bewusst ist, kann er von den positiven Seiten seiner Funktion profitieren und einen Mehrwert für sich, die involvierten Planer und die Bauherrschaft generieren.

Chancen und Gefahren für den Generalplaner

Viele Architektur- und Baumanagementbüros bieten sich auch als Generalplaner an, nicht zuletzt, weil es sich dabei um eine gefragte Dienstleistung handelt. Doch längst nicht alle Anbieter sind sich der Chancen und Gefahren bewusst, die mit dem Generalplanermodell verbunden sind. Bevor man konkret darüber nachdenkt, ein Generalplanermandat zu übernehmen, sollte man sich die Grundsatzfrage stellen, ob man das wirklich möchte (strategisch) und in fachlicher Hinsicht auch kann (operativ).

Eruieren Sie Förderer, Bremser und Blockierer vor dem Projektstart.

10 kritische Fragen für Generalplaner

1. Ist uns klar, welche Aufgaben, Chancen und Gefahren mit einem Generalplanermandat verbunden sind und wie wir uns absichern können?
2. Ist klar, wie das Organigramm und die juristische Form des Generalplaners aussehen werden?
3. Ist eine für den GP-Lead geeignete Führungspersönlichkeit (siehe Seite 42) verfügbar?
4. Falls sowohl die Rolle des Generalplaners als auch des Architekten übernommen wird: Sind wir so aufgestellt, dass wir die beiden Bereiche intern klar trennen können?
5. Kennen wir genügend geeignete Planer, Fachplanerinnen und Spezialisten, die Zeit und Interesse haben, mit uns zusammenzuarbeiten, und sind diese für ein Generalplanermodell geeignet?
6. Verfügen wir über die notwendige Manpower für alle Aufgaben inklusive Administration, Buchhaltung, Sekretariat?
7. Besteht ein Projektqualitätsmanagement und wird es auch angewendet?
8. Verfügen wir über die nötige juristische und versicherungstechnische Absicherung, um die Risiken tragen zu können?
9. Ist die Bauherrschaft für die Zusammenarbeit mit einem Generalplaner geeignet (siehe Grafik 18, Seite 75)?
10. Ist der Cashflow durch entsprechende Vertragsklauseln (pay when paid) auch bei Zahlungsschwierigkeiten aufseiten der Bauherrschaft gewährleistet?

Plus und Minus aus Sicht des Generalplaners gegenüber der klassischen Gesamtleistung

Vorteile

- \+ Kompetenzerweiterung
- \+ Leaderrolle, Leadership
- \+ Freie Wahl der Partner
- \+ Profilierung als Systemanbieter
- \+ Direkter Zugriff auf Fachplaner
- \+ Direkter Ansprechpartner, Auftraggeber
- \+ Organisationsfreiheit
- \+ 50 Prozent Hard Facts/50 Prozent Soft Skills
- \+ Beeinflussung von Tempo und Ablauf der Planung
- \+ Freiheit in der Ablauforganisation, basierend auf der Zielvereinbarung (Teamcharta)

Nachteile

- – Haftung für gesamtes Planerteam
- – Unternehmerisches Risiko (auch für die Leistungen Dritter)
- – Administrativer Aufwand
- – Nicht definiertes Berufsbild
- – Unklare Abgrenzung von Leistungen und Rollen
- – Profilneurosen einzelner Planer oder des Bauherrn
- – Juristische Risiken
- – 50 Prozent Hard Facts/50 Prozent Soft Skills
- – Unterschiedliches Verständnis der Funktion des GP

● Tipp: Evaluieren Sie die Vor- und Nachteile eines Generalplanermandats mithilfe einer SWOT-Analyse (siehe Seite 72).

Bauherr

Schnüren Sie das Korsett nicht zu eng

Je mehr Freiheit Sie einem Generalplaner beim Erreichen der vorgegebenen Ziele lassen, desto besser und effizienter ist in der Regel seine Leistung. So sollten Sie ihm beispielsweise bei der Wahl seiner Planer möglichst wenig dreinreden. Das erlaubt ihm, auf bewährte Partner zurückzugreifen. Ebenso wichtig ist eine klare Festlegung des Ablaufs über alle Planungs- und Bauphasen hinweg. Je früher Sie den Ablauf definieren, desto gezielter kann der Generalplaner seine Arbeit leisten (siehe auch Seite 127).

Gefahrenpunkt Planer

Mitentscheidend für die Qualität der Leistungen eines Generalplaners sind die Arbeit und die Kompetenz der von ihm beauftragten Planer. Bestehen seitens des Bauherrn keine Vorgaben, soll der Generalplaner die Planer frei wählen können. Verlangt ein Bauherr hingegen, dass bestimmte Fachleute berücksichtigt werden, steigt das Risiko für den Generalplaner: Erstens passt nicht jeder Planer ins Team, und zweitens ist nicht immer klar, ob das vom Bauherrn gewünschte Unternehmen über die nötige Kompetenz für den Auftrag verfügt. Wenn immer möglich, sollte der Generalplaner deshalb mit dem Bauherrn vereinbaren, dass er die Planer selber wählen kann. Ein Mitsprache- und Vetorecht des Bauherrn kann eine solche Abmachung ergänzen. Dieses ist nötig, wenn für die Bauherrschaft beispielsweise aus rechtlichen, wirtschaftlichen oder sachlichen Gründen eine Zusammenarbeit mit bestimmten Unternehmen oder Personen nicht möglich ist.

Wer wählt die Planer aus – der Generalplaner oder der Bauherr?

Zukunft

Sind alle Planer digital fit?

Die Planung und die Umsetzung von Bauprojekten mithilfe digitaler Tools wie Building Information Modeling (BIM) oder Lean Construction setzen sich immer mehr durch. Ist die Nutzung dieser Methoden und Tools auch ein Thema bei Ihrem Projekt als Generalplaner, sollten die beteiligten Planer unbedingt dafür fit sein, damit es gelingt, die nötige Zusammenarbeitskultur zu etablieren. Dazu zählt etwa ein Umfeld, in dem es möglich ist, Fehler zu machen und diese den anderen gegenüber zuzugeben, aber auch eine Diversität innerhalb des Teams.

Best Practice

Pflegen Sie Ihr Netzwerk

Je häufiger und enger dieselben Fachleute miteinander arbeiten, desto schneller und schlagkräftiger ist das Team. Diesen Vorteil sollten Sie als Generalplaner nutzen und aktiv ein entsprechendes Netzwerk pflegen. Dann sind Sie auch in der Lage, kurzfristig komplexe Aufträge zu übernehmen.

Die Planung und Realisierung mit einem Generalplaner hatte den grossen Vorteil, dass ich als Bauherrenvertreter einen einzigen, verantwortlichen Ansprechpartner hatte und meine Projekte dadurch sehr ressourcenschonend und effizient führen konnte.

Kurt Greuter, ehemaliger Gesamtprojektleiter, SBB AG, Immobilien

C.4 Die Seite des Planers

[Summary]

Wer als Planer bereit ist, bestehende Strukturen aufzubrechen, sich auf neue Formen der Zusammenarbeit einzulassen und als Teamplayer statt als Einzelkämpfer Lösungen zu suchen, erhält mit der Beauftragung durch einen Generalplaner statt durch die Bauherrschaft neue Chancen. Trotzdem sollten mögliche Gefahren, etwa die geringere Präsenz gegen aussen oder das Fehlen des direkten Drahtes zur Bauherrschaft, nicht ausgeblendet werden.

Chancen und Gefahren für den Planer

Die steigende Beliebtheit des Generalplanermodells hat direkte Auswirkungen auf die Planer. Immer häufiger werden sie von Generalplanern und nicht mehr direkt von der Bauherrschaft beauftragt. Vor dem Entscheid, den Auftrag eines Generalplaners anzunehmen, sollte man sich als Planer deshalb zum einen kritische Fragen zum Modell und zum konkreten Projekt stellen, zum andern die Vor- und Nachteile des Generalplanermodells gegeneinander abwägen.

Bei der Zusammenarbeit mit einem Generalplaner hat man als Planer einen Profi als Auftraggeber.

10 kritische Fragen für Planer

1. Sind wir uns bewusst, welche Aufgaben, Chancen und Gefahren mit der Beauftragung durch einen Generalplaner verbunden sind?
2. Ist klar, wie das Organigramm und die juristische Form des Generalplaners aussehen und wo wir positioniert sind?
3. Sind uns der Generalplaner und insbesondere der GP-Lead sympathisch?
4. Ist es für uns in Ordnung, dass wir weniger im Vordergrund stehen als bei einer direkten Beauftragung durch die Bauherrschaft?
5. Sind wir bereit, dem Generalplaner für seine Aufgaben und die Übernahme des Risikos einen Anteil des Planerhonorars abzugeben?
6. Stimmt die Chemie mit den anderen Planern? Können wir uns vorstellen, mit ihnen im Team Lösungen zu erarbeiten?
7. Verfügt der Generalplaner über die nötige Erfahrung für sein Mandat?
8. Fühlen wir uns wohl als Teil eines Planungsteams statt als Einzelkämpfer?
9. Verfügen wir über geeignete Mitarbeitende für die gestellte Aufgabe?
10. Welche Erfahrungen haben wir bisher mit der Beauftragung durch einen Generalplaner gemacht?

Plus und Minus aus Sicht des Planers

Vorteile

- \+ Bessere Grundhonorierung
- \+ Weniger Administrationsaufwand
- \+ Mehr Transparenz und Effizienz
- \+ Klarere Anforderungen
- \+ Geregelter Kommunikationsfluss
- \+ Wiederkehrender Auftraggeber
- \+ Teammitglied
- \+ Klares Profil des Auftraggebers (Generalplaner)
- \+ Möglichkeit, innovative Ideen zu entwickeln
- \+ Direkte Aufträge, weniger Akquise
- \+ Mehr Power durch Teamarbeit

Nachteile

- – Weniger Einflussnahme auf Bauherrschaft
- – Weniger Profilierung nach aussen
- – Kein Einfluss auf den Vertrag zwischen Generalplaner und Bauherrschaft
- – Weniger Einfluss auf die Organisation
- – Bevormundung
- – Aufbrechen bestehender Strukturen und Prozesse
- – Forderung nach vernetztem Denken
- – Anderes Anforderungsprofil an Mitarbeitende
- – Mehr Kontrolle, etwa durch ein Projektqualitätsmanagementsystem (PQM)

● Hinweis: Wer als Planer aktiv und engagiert mitarbeitet, wird als Teil eines Generalplanerteams kaum Nachteile verspüren. Der GP-Lead ist noch so froh um Teammitglieder, die sich mit viel Energie und Freude einbringen. Im Gegenzug erhalten sie auch entsprechende Kompetenzen und werden zu einer richtigen Stütze des GP-Leads.

C
4

Hersteller:
Schutzhelme tragen obligatorisch
Le port du casque est obligatoire
Portare il casco obbligatorio
L'evar al casco obligatorio
Betreten der Baustelle verboten
Bei Unfällen wird jede Haftpflicht
abgelehnt
Der Unternehmer

C.5 Die Seite des Bauherrn

[Summary]

Die Beauftragung eines Generalplaners entlastet den Bauherrn, da er keine direkte Verantwortung für die einzelnen Planer trägt und auch nicht vertraglich mit diesen verbunden ist. Trotzdem hat er verschiedene Aufgaben, die sich nicht delegieren lassen – insbesondere die Erarbeitung der detaillierten Projektgrundlagen. Fehlt dem Bauherrn die Kompetenz dazu, kann er einen Bauherrenberater beiziehen. Wie die Generalplanerleistungen schliesslich ausgeschrieben werden, hängt zum einen von den rechtlichen Vorgaben aufseiten des Bauherrn ab (zum Beispiel öffentliches Beschaffungswesen), zum andern von seinen Präferenzen. Rein monetär geprägte Ausschreibungen sind nicht zielführend. Das Schwergewicht sollte auf Innovation und Qualität liegen. Ein Weg dazu sind Planerwahlverfahren mit entsprechenden Eignungskriterien.

Organisationsformen im Vergleich – SWOT-Analyse aus Sicht des Bauherrn

Modell	Einzelplaner	Generalplaner (GP)
Definitionen	• Der Bauherr hat mit jedem Planer einen Vertrag. • Gesamtleiter und Spezialisten gelten grundsätzlich auch als Planer.	• Der Bauherr hat nur mit dem Generalplaner einen Vertrag. • Als Generalplaner wird der juristische Auftragnehmer bezeichnet. • Spezialisten gelten grundsätzlich auch als Planer.
Chancen	• Freie Wahl der Planer • Hohe Transparenz der einzelnen Planungsschritte bei den einzelnen Planern • Planer einzeln austauschbar • Direkter Einfluss durch Bauherrn auf jeden einzelnen Planer • Die Schwellenwerte bei öffentlichen Ausschreibungen können besser eingehalten werden.	• Geringe Ressourcenbindung beim Bauherrn • Keine Planungsschnittstellen beim Bauherrn, da Organisation und Koordination aller Planungsarbeiten in der Hand des Generalplaners liegen • Direkter Einfluss des Bauherrn auf Gesamtprozess • Der Bauherr muss primär übergeordnete Anforderungen definieren. • Ein Mitspracherecht bezüglich der Planer kann vereinbart werden. • PQM ist üblicherweise Teil des GP-Mandats. • Die GP-Ausschreibung erfolgt meist durch spezialisierte Büros (keine Ressourcenbindung).
Gefahren	• Mehrere unterschiedliche Verträge nötig • Übergeordnete (zum Beispiel ökonomische) Anforderungen haben bei den einzelnen Planern oft einen geringen Stellenwert. • Die Rechtsform der einzelnen Planer hat Einfluss auf Haftung und Versicherungsdeckung. • Koordination der Haftung der einzelnen Planer durch Bauherrn • Der Bauherr trägt die Gesamtverantwortung für die Steuerung des Projekts. • Viele verschiedene Ansprechpartner für den Bauherrn	• Führungsqualität des GP-Leads • Die Rechtsform des Generalplaners hat Einfluss auf Haftung und Versicherungsdeckung. • Wahl der Planer grundsätzlich durch den GP • Die technische Kompetenz der Subplaner muss im Bedarfsfall durch den GP nachgewiesen werden. • Bei öffentlicher Ausschreibung werden Schwellenwerte schnell erreicht.

Gefahren	• Die Schnittstellen zwischen den Planern müssen vom Bauherrn definiert werden. • Planungsqualität abhängig von der Kompetenz des Gesamtleiters (meist Architekt)	
Stärken	• Gezielte Beauftragung von Planern, die der Bauherr kennt • Enger, direkter Kontakt zu den einzelnen Planern	• Nur ein Vertrag nötig • Ein Ansprechpartner (GP-Lead) für Bauherrn • Der GP trägt die Gesamtverantwortung für die Planung und Steuerung des Projekts. • Geringere administrative Aufwendungen (Zahlungs- und Vertragswesen) • Geringerer Steuerungsaufwand seitens des Bauherrn nötig, Definition der Projektanforderungen vor Beauftragung des GP • Teilübertragung von Risiken auf GP während der Projektierungs- und der Ausführungsphase
Schwächen	• Erhöhte administrative Aufwendungen (Zahlungs- und Vertragswesen) • Grösserer Steuerungsaufwand seitens des Bauherrn nötig • Grössere Fachkompetenz seitens des Bauherrn nötig, keine Kosten- und Terminsicherheit (rollende Planung) • Ein PQM-Mandat muss zusätzlich in Auftrag gegeben werden. • Die Planerausschreibungen erfolgen meist durch Bauherrn (Ressourcenbindung).	• Eingeschränktes Mitspracherecht des Bauherrn bei der Wahl der Planer • Keine direkten Weisungsbefugnisse des Bauherrn gegenüber einzelnen Planern
Eignung	• Einfache, kleinere Projekte (abhängig von Bauherrenkompetenz)	• Grosse, komplexe Projekte • Projekte, bei denen sich der Bauherr nur beschränkt um die erforderliche Koordination kümmern kann

Auch wenn der Generalplaner die Bauherrschaft entlastet, besteht eine klare Gewaltentrennung zwischen Auftraggeber und Auftragnehmer.

Generalplaner gesucht

Das Modell des Generalplaners ist eine spezielle Form der Zusammenarbeit aller an einem Bauwerk beteiligten Planer. Letztere sind vertraglich direkt an den Generalplaner gebunden und werden von diesem auch geführt. Der Generalplaner übernimmt die Gesamtorganisation, die volle Verantwortung für die Bezahlung, die Koordination sowie die Information der Planer und die Dokumentation ihrer Leistungen. Er haftet für die gesamte Planung und trägt die Verantwortung für das Termin-, Kosten-, Qualitäts- und Quantitätsmanagement.

Ob sich eine Bauherrschaft für die Vergabe an einen Generalplaner entscheidet, hängt oft von der Person des Bauherrn bzw. seiner Organisationsform ab.

Für welche Bauprojekte eignet sich das Generalplanermodell?

«Unser Projekt ist für einen Generalplaner zu klein.» – «Wir nehmen Generalplaner nur bei komplexen Projekten.» Solche und ähnliche Aussagen sind oft von Bauherren zu hören. Untersuchungen im Rahmen einer Masterarbeit an der ETH Zürich (siehe Grafik 18) zeigen, dass der Entscheid für oder gegen das Generalplanermodell sowohl von der Komplexität des Projekts als auch von der Organisationsform des Bauherrn abhängig ist.

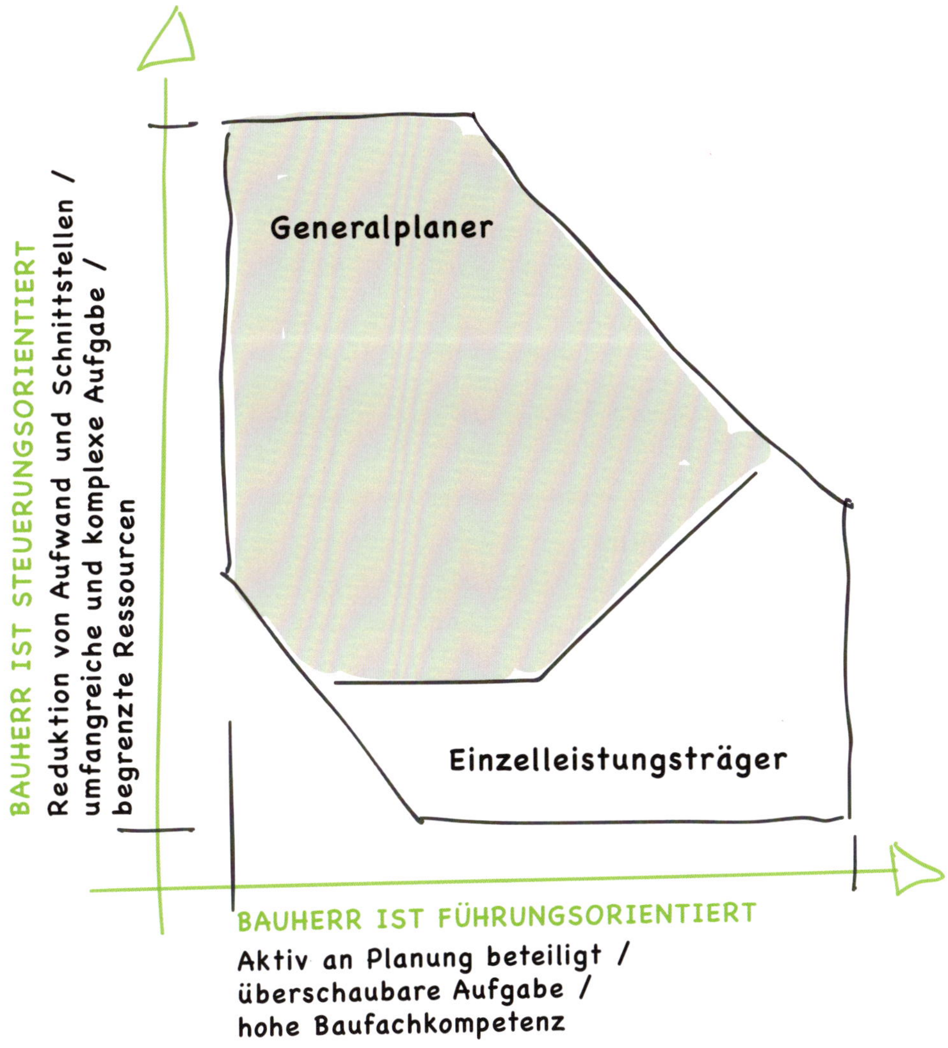

C
5

Generalplaner

Einzelleistungsträger

BAUHERR IST STEUERUNGSORIENTIERT
Reduktion von Aufwand und Schnittstellen / umfangreiche und komplexe Aufgabe / begrenzte Ressourcen

BAUHERR IST FÜHRUNGSORIENTIERT
Aktiv an Planung beteiligt / überschaubare Aufgabe / hohe Baufachkompetenz

Grafik 18

Die Einstellung der Bauherrschaft und die Komplexität des Projekts entscheiden darüber, ob es für einen Generalplaner geeignet ist.[4]

[4] Pius Renggli, Wahl eines Generalplaners – Wieso sich Auftraggeber für ein Generalplanermodell entscheiden, Zürich, 2014, S. 42

- Ist die Komplexität der Bauaufgabe hoch und der Bauherr eher steuerungsorientiert, ist der Generalplaner die erste Wahl.
- Ist die Bauaufgabe überschaubar und der Bauherr führungsorientiert, entscheidet er sich eher für das Einzelleistungsmodell.

Bauwerkskategorien als Gradmesser

Ob die Komplexität eines Projekts für den Beizug eines Generalplaners spricht, lässt sich anhand der vom SIA bis 2019 publizierten Bauwerkskategorien in der LHO 102 ermitteln. Die Idee dahinter: Die Kategorien berücksichtigen explizit die Komplexität einer Planungsaufgabe. Je komplexer diese ist, desto grösser ist aus Sicht der Bauherrschaft der Mehrwert, den ein Generalplaner für ihn generieren kann (siehe Box, Seite 77). Neben den Bauwerkskategorien liefern auch die geforderten Nachhaltigkeitsstandards einen Hinweis auf die Komplexität (siehe Box unten).

Nachhaltigkeitsstandards

Die Zahl der Gebäude, bei deren Bau die Erfüllung nationaler oder internationaler Nachhaltigkeitsstandards gefordert wird, nimmt laufend zu. Vor allem bei strengen, umfassenden Standards oder bei der Kombination von Labels steigt die Komplexität, und der Beizug von Spezialisten wird unumgänglich: Zu diesen Standards zählen beispielsweise:

- Minergie-P (CH)
- Minergie-ECO (CH)
- Minergie-A (CH)
- SNBS (CH)
- LEED (USA)
- Breeam (UK)
- DGNB (D)
- 2000-Watt-Gesellschaft
- SIA-Effizienzpfad Energie (SIA 2040)

[5] SIA 102 – Ordnungen für Leistungen der Architektinnen und Architekten, Zürich, 2014, S. 76

Mehrwert für Bauherrschaft durch Beizug Generalplaner

Kategorien I–III
Kann vom Architekten in der Regel allein geplant werden.
Beispiele: Schuppen (Kat. I), mehrgeschossige Lagerhallen (Kat. II), Wochenendhäuser (Kat. III)

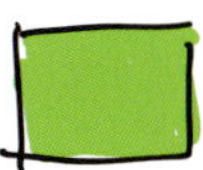

Kategorien IV–V
Aufgrund der Komplexität sollte die Vergabe an einen Generalplaner geprüft werden.
Beispiele: Mehrfamilienhäuser (Kat. IV), Produktionsbauten Lebensmittelindustrie (Kat. V), Pflegeheime (Kat. V)

Kategorien VI–VII
Aufgrund der hohen Komplexität und der grossen Zahl beteiligter Planer ist die Vergabe an einen Generalplaner die beste Wahl.
Beispiele: Verwaltungsgebäude (Kat. VI), Krankenhäuser (Kat. VI), Forschungsbauten mit Labors (Kat. VII)

Quelle SIA 102[5)]

Direktmandat oder Ausschreibung?

Ob und auf welche Art die Vergabe eines Auftrags an einen Generalplaner möglich ist, hängt grundsätzlich vom Auftragsvolumen und von der rechtlichen Situation aufseiten des Bauherrn ab:

- **Private Bauherrschaft:** Wer als Unternehmen oder Privatperson einen Generalplaner beauftragt, ist grundsätzlich frei in der Wahl des Gegenübers. Vor allem institutionelle Anleger und grosse private Bauherren müssen jedoch bei der Vergabe in der Regel interne Vorschriften beachten – beispielsweise Konkurrenzofferten einholen. Zudem verlangen verschiedene privatwirtschaftliche Unternehmen bei der Vergabe von Bauaufträgen die Einhaltung der Vorgaben des SIA (siehe Box, Seite 80).
- **Öffentliche Hand:** Bund, Kantone und Gemeinden sowie andere Bauherren mit öffentlichem Charakter – zum Beispiel Aktiengesellschaften im Besitz der öffentlichen Hand wie die SBB oder Elektrizitätswerke – sind an die Vorgaben des Bundesgesetzes über das öffentliche Beschaffungswesen (BöB), der Verordnung über das öffentliche Beschaffungswesen (VöB) und der Interkantonalen Vereinbarungen über das öffentliche Beschaffungswesen (IVöB) gebunden. Diese sind eng mit den Empfehlungen des SIA (D 0204) verknüpft. In der Regel stehen für die Vergabe vier Verfahren zur Wahl:
  - Offenes Verfahren (jeder Interessierte kann teilnehmen)
  - Selektives Verfahren (die interessierten Teilnehmer werden nach festgelegten Kriterien vorselektiert)
  - Einladungsverfahren (die gewünschten Teilnehmer werden eingeladen)
  - Freihändiges Verfahren (der Bauherr wählt den Auftragnehmer direkt aus)

Welches Verfahren zur Anwendung kommt, hängt einerseits vom finanziellen Umfang ab (Schwellenwerte), andererseits von der Art der Aufgabe (zum Beispiel Wettbewerb). Für Generalplanerleistungen liegt der Vergabeschwellenwert in der Regel bei einem Honorarvolumen von 230 000 Franken.

Bauherren erhalten mit dem Generalplanermodell einen zentralen Ansprechpartner. Die Schnittstellen werden intern abgedeckt. Der Kunde kann sich somit auf sein Kerngeschäft konzentrieren.

Steffen Szeidl,
Vorstand Drees & Sommer, Stuttgart

Bauherr

Definieren Sie die Eignungskriterien

Die Zusammenarbeit mit einem Generalplaner zieht sich oft über mehrere Jahre hin. Umso wichtiger ist es, ein Gegenüber zu haben, das sich für die Aufgabe optimal eignet. Um dies sicherzustellen, sollten Sie die Kriterien für die Auswahl und deren Gewichtung im Auswahlprozess genau festlegen. Das gilt insbesondere dann, wenn Sie bei der Vergabe des Generalplanermandats freie Wahl haben. Muss ein Studienauftrag oder ein Wettbewerb durchgeführt werden, kann – falls zulässig – eine vorgelagerte Präqualifikation dabei helfen, Generalplanerteams auszuwählen, die nicht nur bezüglich Architektur, sondern auch bei allen anderen für Sie als Bauherr oder Bauherrin wichtigen Kriterien überzeugen.

Vergabe über Studienaufträge und Wettbewerbe

Studienaufträge und Wettbewerbe sind eine bewährte Möglichkeit, um den passenden Generalplaner zu finden. Einerseits zwingen sie die Bauherrschaft zu einer sauberen Erarbeitung der Projektgrundlagen, die dann die Basis für die Ausschreibung bilden, andererseits lassen sich damit innovative Lösungsansätze finden. Für die Ausschreibung bestehen grundsätzlich zwei Möglichkeiten:

- Gesamtleistungsstudien
- Gesamtleistungswettbewerbe

Wichtig ist es, die Ausschreibungen möglichst offen zu gestalten: Einerseits sollten einzelne Planer in verschiedenen Generalplanerteams mit dabei sein können, andererseits muss der Generalplaner, nachdem er den Zuschlag erhalten hat, einzelne Planer austauschen können.

Zuerst definieren, dann ausschreiben

Mit der Vergabe an einen Generalplaner wird der Bauherr von einem Teil seiner Aufgaben und seiner Verantwortung entlastet, ohne dass es zu einem Verlust der Gewaltentrennung (Bauherr/Auftragnehmer) kommt. Dies gilt insbesondere für die Koordination und die Bezahlung der Planer sowie für diverse administrative Tätigkeiten.

Trotzdem verbleiben verschiedene, nicht delegierbare Aufgaben beim Bauherrn. Dazu gehört in erster Linie die Erarbeitung der Grundlagen für die spätere Planung des Projekts. Diese beinhalten unter anderem:

- Formulieren der übergeordneten Ziele und Bedürfnisse
- Projektdefinition
- Nutzungskonzept
- Budgetrahmen
- Zeitrahmen
- Projektorganisation auf Bauherrenseite
- Qualitätsanforderungen

- Renditeberechnung/Businesscase
- Festlegen des Ablauf- und des Terminplans
- Festlegen der Schnittstelle zwischen dem Generalplaner und der Organisation des Bauherrn
- Erstellen des Projektpflichtenhefts
- Betriebskonzept
- Lasten- und Pflichtenheft
- ...

Ohne diese Grundlagen ist eine zielführende Ausschreibung nicht möglich und die Wahrscheinlichkeit für Probleme im Planungs- und Bauablauf nimmt zu.

Der Generalplaner kann dem Bauherrn nicht alle Aufgaben abnehmen.

Externe Kompetenz nutzen

Nicht jeder Bauherr verfügt über die nötigen Ressourcen und Kompetenzen, um in der Definitionsphase eines Projekts alle nötigen Grundlagen zu erarbeiten. Bei einer solchen Ausgangslage ist es sinnvoll, externe Fachleute beizuziehen, beispielsweise einen Bauherrenberater. Dessen Arbeit kostet zwar etwas, verhindert aber Fehlplanungen sowie Fehlinvestitionen und bildet die Basis für die Ausschreibung der Generalplanerleistungen.

Der Generalplaner ist keine Allzweckwaffe!

Das umfassende Leistungsangebot und die Vorteile (siehe Seite 82) verleiten Bauherren oft dazu, den Generalplaner als Allzweckwaffe zu sehen: Er soll ihnen alle Aufgaben abnehmen und alle Probleme lösen. Das Aufgabenfeld des Generalplaners ist zwar umfangreicher als dasjenige eines Gesamtleiters oder eines Architekten, doch auch seinem Verantwortungsbereich sind Grenzen gesetzt:

sia

Ordnungen und Dokumentationen

Folgende Ordnungen und Dokumentationen des SIA sind für die Vergabe von Planerleistungen relevant:

- SIA D 0174 → Dokumentation für Modelle der Zusammenarbeit: Erstellung und Bewirtschaftung eines Bauwerks
- SIA D 0204 → Dokumentation für Vergabe von Planeraufträgen – Empfehlungen für die Bereiche Architektur, Ingenieurwesen und für verwandte Branchen
- SIA 101 → Ordnung für Leistungen der Bauherren
- SIA 142 → Ordnung für Architektur- und Ingenieurwettbewerbe
- SIA 143 → Ordnung für Architektur- und Ingenieurstudienaufträge
- SIA 144 → Ordnung für Ingenieur- und Architekturleistungsofferten

10 kritische Fragen für Bauherren

1. Passt das Generalplanermodell zu uns als Bauherrschaft und zum Projekt (siehe Seite 74)?
2. Haben wir uns vertieft mit den Vor- und Nachteilen des Modells auseinandergesetzt?
3. Warum fassen wir ein Generalplanermandat ins Auge?
4. Sind wir bereit, auf die direkte Weisungsbefugnis gegenüber den einzelnen Planern zu verzichten?
5. Haben wir bereits festgelegt, in welcher Form später die Ausführung des Projekts erfolgt (nicht jede eignet sich für die Kombination mit einem Generalplaner, siehe Seite 137)?
6. Ist das Projekt ausreichend definiert, sodass wir einen klaren Auftrag an einen Generalplaner erteilen können?
7. Wer ist der direkte Ansprechpartner für den Generalplaner? Sind die Aufgaben des Bauherrn und der Nutzer/Mieterinnen sowie des Betreibers klar getrennt?
8. Hat der Projektleiter auf unserer Seite die nötige Kompetenz?
9. Hat der Generalplaner ein ausreichendes Stellvertreterprinzip?
10. Ist ein Projektqualitätsmanagement vorhanden, das unseren Ansprüchen genügt?

- Der Generalplaner ersetzt nicht den Beizug von weiteren Planern. Er übernimmt nur deren Auswahl, Führung und Honorierung.
- Der Generalplaner kann nicht mehrere Funktionen übernehmen – beispielsweise den GP-Lead und die architektonische Gestaltung. Die Komplexität der Aufgabe erfordert in der Regel eine Beschränkung auf die reine Führungs- und Managementaufgabe.
- Der Generalplaner ist auf klar definierte Schnittstellen im Organigramm angewiesen. Dabei geht es vor allem um den Austausch zwischen ihm und dem Bauherrn sowie den Mieterinnen/Nutzern des Bauwerks.

Warum nicht ein Planer-Casting?

Die Zusammenarbeit von Bauherrschaft und Generalplaner kann nur klappen, wenn die Chemie zwischen den Beteiligten stimmt. Deshalb macht es für einen Bauherrn Sinn, infrage kommende Anbieter nicht nur nach ihren Referenzen zu beurteilen, sondern auch im persönlichen Gespräch zu prüfen, welchen Eindruck sie hinterlassen. Eine Möglichkeit dazu ist ein kleines Planer-Casting. Im Gespräch wird schnell klar, ob man sich eine längere Zusammenarbeit mit dem Gegenüber vorstellen kann. Solche Gespräche sind übrigens auch innerhalb eines Offertverfahrens nach dem Bundesgesetz über das öffentliche Beschaffungswesen (BöB), der Verordnung über das öffentliche Beschaffungswesen (VöB) sowie den Interkantonalen Vereinbarungen über das öffentliche Beschaffungswesen (IVöB) legitim.

Chancen und Gefahren für den Bauherrn

Die Beauftragung eines Generalplaners ist ein Stück weit fast Mode geworden. Vor dem Entscheid, einen Generalplaner für ein Projekt beizuziehen, sollte man sich als Bauherr deshalb zum einen kritische Fragen zum Modell, zum potenziellen Generalplaner und zur eigenen Organisation stellen, zum andern die Vor- und Nachteile des Generalplanermodells gegeneinander abwägen.

Wie bei jeder anderen Auftragsvergabe muss man als Auftraggeber auch bei der Wahl eines Generalplaners abwägen, ob das Geschäftsmodell überzeugt.

sia

SIA 101: Ordnung für Leistungen der Bauherren

Die 2020 erschienene Ordnung 101 des SIA zeigt detailliert, welche Aufgaben die Bauherrschaft im Rahmen eines Bauprojekts übernehmen muss. Sie bietet auch eine gute Grundlage für die Zusammenarbeit mit einem Generalplaner, denn ein Grossteil der Pflichten und Aufgaben ist identisch mit denjenigen bei der Einzelbeauftragung von Planern.

Plus und Minus aus der Sicht des Bauherrn

Vorteile

- \+ Ein direkter Ansprechpartner
- \+ Bündelung der Informationen von den Planern
- \+ Gesamtheitliche Risikobetrachtung
- \+ Weniger Eigenaufwand
- \+ Eine juristische Haftungsperson
- \+ Klare Rollenverteilung (Organigramm)
- \+ Strategischer Gesamtleiter
- \+ Expertennetzwerk
- \+ Potenzial für Innovationen

Nachteile

- – Keine direkte Einflussnahme auf einzelne Planer
- – Filterung der Informationen von den Planern
- – Ungeklärte Interessenvertretung des Bauherrn (Wer ist der Treuhänder des Bauherrn?)
- – Eingeschränkte Wahlfreiheit in Bezug auf die Planer
- – Höheres Honorar

Die Koordination hin zu einer einheitlichen Gesamtplanung lässt sich heute bei komplexen Bauprojekten nicht mehr klassisch mit Einzelbeauftragten durchführen. Das ist vielmehr die Kernkompetenz des Generalplaners, der sich auf Methoden versteht, die Planung aus einer Sicht sicherzustellen.

Tossan Souchon, Geschätsführer
Archipel Generalplanung AG, Bern

wi

Organisation, Honorare, Qualität

D

D.1 Ordnungen, Verträge und Versicherungen

[Summary]

Während private Bauherren bei der Beauftragung eines Generalplaners höchstens an interne Richtlinien sowie die Empfehlungen des SIA gebunden sind, müssen sich Bund, Kantone und Gemeinden nach den Vorgaben des seit Anfang 2021 neu organisierten öffentlichen Beschaffungswesens richten (BöB, VöB, IVöB). Bei der Ausformulierung der Verträge zwischen Bauherrschaft und Planern wie auch bei deren Honorierung berücksichtigen die revidierten Ordnungen und Musterverträge des SIA, die seit 2014 in Kraft sind, auch die Funktion des Generalplaners. Grosse Aufmerksamkeit sollten Generalplaner aber nicht nur den Verträgen schenken, sondern auch dem passenden Versicherungsschutz.

Verträge und Ordnungen des SIA

Das Bauen in der Schweiz ist geprägt von den Normen, Ordnungen, Musterverträgen und Empfehlungen des SIA. Sie regeln unter anderem die Honorierung, die Leistungen des Bauherrn und die Zusammenarbeit zwischen Planern und Bauherrschaft, aber auch zwischen den verschiedenen Planern. Diese Regeln gelten auch für den Generalplaner, sowohl im Aussenverhältnis mit dem Bauherrn als auch im Innenverhältnis mit den Planern.

Im Rahmen der Revision der massgebenden Ordnungen (siehe Box SIA) werden seit 2014 im Modell Bauplanung (SIA 112) sowie in den darauf basierenden Ordnungen und Musterverträgen auch der Generalplaner und seine Honorierung erwähnt.

Die Regeln und Normen des SIA gelten auch für den Generalplaner.

Generalplaner und KBOB

Ergänzend zu den Normen, Ordnungen und Verträgen des SIA und darauf aufbauend, publiziert die Koordinationskonferenz der Bau- und Liegenschaftsorgane der öffentlichen Bauherren (KBOB) weitergehende Empfehlungen und Musterverträge. Diese sind bei Bauaufträgen der öffentlichen Hand in der Regel verbindlich, werden aber auch von anderen Bauherren angewendet – vor allem dann, wenn ein Bauvorhaben massgeblich von Bund, Kanton oder Gemeinde finanziert wird. Sowohl im von der KBOB herausgegebenen Leitfaden[7] als auch im Planervertrag (Dokument Nr. 30)[8] ist der Beizug eines Generalplaners explizit vorgesehen. Seine Honorierung kann nach Aufwand, pauschal oder global geregelt werden.

sia

Ordnungen und Musterverträge des SIA

Folgende Ordnungen und Musterverträge des SIA sind für die Regelung der Zusammenarbeit zwischen Bauherrschaft, Generalplaner und Planern relevant, aber nicht bindend:

- SIA 101 → Ordnung für Leistungen der Bauherren
- SIA 102 → Ordnung für Leistungen und Honorare der Architektinnen und Architekten
- SIA 103 → Ordnung für Leistungen und Honorare der Bauingenieurinnen und Bauingenieure
- SIA 105 → Ordnung für Leistungen und Honorare der Landschaftsarchitektinnen und Landschaftsarchitekten
- SIA 108 → Ordnung für Leistungen und Honorare der Ingenieurinnen und Ingenieure der Bereiche Gebäudetechnik, Maschinenbau und Elektrotechnik
- SIA 112 → Modell Bauplanung
- SIA 1001/1 → Planer-/Bauleitungsvertrag
- SIA 1001/2 → Gesellschaftsvertrag für Planergemeinschaft
- SIA 1001/3 → Subvertrag für Planer- und/oder Bauleitungsleistungen

7) Koordinationskonferenz der Bau- und Liegenschaftsorgane der öffentlichen Bauherren, Leitfaden zur Beschaffung von Planerleistungen, Bern, 2020, S. 5

8) Koordinationskonferenz der Bau- und Liegenschaftsorgane der öffentlichen Bauherren, Planervertrag Nr. 30, Bern, 2020

sia

Der Planer-/Bauleitungsvertrag

Seit 2015 ist im Mustervertrag SIA 1001/1 «Planer-/Bauleitungsvertrag» die Funktion des Generalplaners vorgesehen – so auch in der aktuellen Vertragsversion von 2020. Sie kann durch Ankreuzen des entsprechenden Felds ausgewählt werden und hält explizit fest, dass der Vertragspartner die Funktion des Generalplaners und damit die Verantwortung für alle involvierten Planer übernimmt. Wählt die Bauherrschaft diese Option, ist gemäss der Ordnung für Leistungen und Honorare der Architektinnen und Architekten (SIA LHO 102) eine entsprechende Anhebung des Honorars zu prüfen (siehe auch Seite 109).

Spezialfall Wettbewerb

Generalplaner können grundsätzlich an Architekturwettbewerben teilnehmen. Dies gilt sowohl für frei organisierte Wettbewerbe und Studienaufträge als auch für solche nach SIA 142 und 143. Bei beiden Varianten sind gewisse Punkte zu beachten:

- Nimmt man als Generalplaner an einem Wettbewerb teil, der nicht explizit dafür ausgeschrieben wurde, besteht keine Garantie, dass man nach dem Gewinn der Ausschreibung einen Aufschlag für die Generalplanerleistungen aushandeln kann.
- Sind Generalplanerteams in der Wettbewerbsausschreibung explizit vorgesehen, lässt dies mehr Spielraum für die spätere Honorierung der Planer.
- Je nach Definition in der Wettbewerbsausschreibung kann der Sieger Mitglieder seines Planerteams später nicht einfach auswechseln.

Wie kommen Generalplaner in der Praxis zu Aufträgen?

Volle Haftung

Als alleiniger Vertragspartner des Bauherrn übernimmt der Generalplaner die volle Haftung für alle Planungs- und Bauleitungsrisiken – auch für Fehler seiner Planer. Deshalb sollte der Vertrag mit der Bauherrschaft dem erhöhten Risiko Rechnung tragen. Wichtig sind beim Thema Haftung zudem die passende Versicherung sowie die interne Organisation des Generalplaners *(siehe Seite 98)**.*

Gesamt- oder Bauplatzversicherung?

Ein Generalplaner übernimmt die Verantwortung für die gesamte Planung eines Projekts und – je nach Abmachung – auch für die Bauleitung. Als einziger Vertragspartner des Bauherrn haftet er allein für alle Planerleistungen. Das schliesst auch eventuelle Fehler der von ihm beauftragten Planer mit ein. Das A und O ist deshalb eine Haftpflichtversicherung, die möglichst alle potenziellen Risiken – inklusive derjenigen der Subplaner – in jedem Fall deckt. In der Praxis kommen vor allem zwei Versicherungsmodelle zum Einsatz:

- **Gesamtversicherung mit Einschluss von Generalplanerleistungen:** Der Generalplaner schliesst eine separate, projektbezogene Berufshaftpflichtversicherung ab. Die Prämie orientiert sich an der Honorarsumme für sämtliche Planerleistungen. In der Gesamtversicherung sind alle Planungsleistungen mit eingeschlossen, und das gesamte Planerteam hat einen einheitlichen Versicherungsschutz. Zudem sind nicht nur die Schäden versichert, die einem spezifischen Planer zugeordnet werden können, sondern auch jene, an denen mehrere Firmen aus dem Planerteam beteiligt sind. Die beauftragten Planer und allfällige Subplaner müssen

Best Practice

Betreiben Sie aktives Schadenmanagement

Endlose Diskussionen über Schäden und Schuldzuweisungen können die Stimmung im Planerteam negativ beeinflussen. Wählen Sie deshalb Lösungen, bei denen das Einvernehmen der Beteiligten gefördert wird. Eine gute Variante ist eine Haftpflichtversicherung, die alle versicherbaren Schäden deckt, auch solche, die aufgrund von Grobfahrlässigkeit entstanden sind, sowie solche, die Ansprüche innerhalb des Teams nach sich ziehen. Es empfiehlt sich zudem, für den Selbstbehalt (vor allem denjenigen für Bauten-/Anlage- und reine Vermögensschäden) eine vernünftige Höhe festzulegen, die insbesondere auf kleinere Planungsbüros mit begrenzten finanziellen Möglichkeiten Rücksicht nimmt. Achtung: Zwischen der Haftung und der Versicherungsdeckung können zum Teil Differenzen bestehen. Das Kleingedruckte sollte deshalb von allen Parteien und von der Bauherrschaft genau geprüft werden.

Ground-up oder Differenzdeckung?

Bei der Bauplatzversicherung sind zwei verschiedene Konzepte möglich:

- **Ground-up:** Alle am Bau beteiligten Unternehmen werden mitversichert. Dabei ist eine Doppelversicherung aufgrund bestehender Versicherungen bei den Beteiligten nicht auszuschliessen. Deshalb muss in den Verträgen darauf aufmerksam gemacht werden.
- **Differenzdeckung:** Um Konflikte mit bestehenden Versicherungen der beteiligten Firmen möglichst auszuschliessen, werden diese in der Versicherungslösung berücksichtigt. Dadurch können Doppelzahlungen von Prämien weitgehend vermieden werden.

namentlich in der Police aufgeführt werden, Änderungen sind während der gesamten Projektdauer dem Versicherer zu melden. Auf diese Weise wird sichergestellt, dass nur ein Versicherer für die Schadensregulierung zuständig ist. Zudem sind sowohl Schäden versichert, die einem bestimmten Planer zugeordnet werden können, als auch solche, bei denen mehrere Beteiligte verantwortlich sind.

- **Bauplatzversicherung:** Wird in der Regel vom Bauherrn oder Totalunternehmer abgeschlossen und schliesst ein umfassendes Versicherungspaket ein. Dazu gehören die Bauwesenversicherung (inklusive Montageversicherung), die Bauherrenhaftpflichtversicherung, die Betriebs- und Berufshaftpflichtversicherungen für die Unternehmer und Planer, die Besucherunfallversicherung sowie eine Werkgarantie. Die Bauplatzversicherung vereinfacht die versicherungsrechtlichen Verhältnisse zwischen allen Beteiligten und schliesst eventuelle Deckungslücken, die bei Einzellösungen entstehen können. Die Versicherungslösung wird in der Regel aber erst für Projekte ab 20 Millionen Franken Bausumme angeboten; sie ist in zwei verschiedenen Varianten erhältlich (siehe Box).

Verträge und Versicherungen synchronisieren

Durch den Abschluss des Vertrags mit der Bauherrschaft übernimmt der Generalplaner gleichzeitig auch die volle Verantwortung für alle Planer. Um die damit verbundenen Risiken unter Kontrolle zu halten, braucht es einerseits eine gute Versicherungsdeckung für alle Eventualitäten, andererseits Planerverträge, die alle wichtigen Aufgaben und Pflichten des Generalplanervertrags beinhalten. In der Fachwelt spricht man von der Synchronisation der Verträge. In den Abmachungen zwischen dem Generalplaner und den von ihm beauftragten Planern muss unbedingt vereinbart sein, wie die Versicherungslösung bei Haftpflichtfällen aussieht: Entweder erfolgt die Versicherung über den Generalplaner, oder jeder Planer muss nachweisen, dass er über eine Haftpflichtversicherung mit ausreichend hoher Deckung verfügt. Ergänzend kann der Generalplaner eine Zusatzversicherung zur Deckung von Lücken abschliessen – dabei geht es insbesondere darum, dass alle Versicherungen die gleich hohe Deckung aufweisen. Zur Synchronisation der Verträge gehört auch, dass der Generalplaner die von ihm beauftragten Planer erst bezahlt, wenn er selber von der Bauherrschaft für die entsprechenden Leistungen entschädigt wurde. Durch diesen Abgleich der Verträge trägt jeder einzelne Planer für seinen Bereich die gleichen Risiken wie der Generalplaner für den gesamten Auftrag.

Beim Abschluss von Haftpflichtversicherungen im Baubereich muss darauf geachtet werden, dass diese die gesetzliche Haftpflicht und, wenn speziell vereinbart, auch die Bestimmungen der SIA, KBOB und FIDIC abdecken. Weitergehende Vereinbarungen zwischen Bauherrn und Generalplaner, zum Beispiel Konventionalstrafen, Kosten- oder Termingarantien, sind üblicherweise in einer Versicherungslösung nicht enthalten.

Vorteile einer Gesamtversicherung für Generalplaner

- Einheitlicher Versicherungsschutz für das ganze Planerteam
- Ein einziger Versicherer ist für die Regulierung zuständig, daher gibt es im Schadenfall keine Abgrenzungsprobleme zwischen verschiedenen Haftpflichtversicherungen.
- Einfacher Nachweis der Haftpflichtversicherung gegenüber der Bauherrschaft
- Versicherungssummen und Selbstbehalte können individuell auf die Risiken des Projekts und die Vorgaben der Bauherrschaft zugeschnitten werden.
- Die Versicherungsprämien werden vom GP übernommen, was die Gefahr eliminiert, dass Subplaner ihre Prämien nicht zahlen.

D.2 Projektorganisation

[Summary]

Für die Organisation innerhalb des Generalplanermodells stehen verschiedene Möglichkeiten offen. Unabhängig von der gewählten Form bildet der Generalplaner ein virtuelles Unternehmen, das analog einer realen Firma geführt und organisiert werden muss (inklusive Mehrwertsteuerpflicht). Ein besonderes Augenmerk gilt dabei der laufenden Optimierung von Prozessen und Abläufen. Hier ist eine kontinuierliche Verbesserung nötig. Dadurch wird für alle Stakeholder ein Mehrwert generiert.

Interne und externe Organisation

Für Bauherren zählt bei der Beauftragung eines potenziellen Generalplaners vor allem die Reduktion auf eine Hauptschnittstelle (Aussenverhältnis) zwischen Bauherrschaft und Planern. Daneben existieren auf beiden Seiten interne Organisationen (Innenverhältnis) mit oft zahlreichen Beteiligten, internen Prozessen und Abläufen, Kompetenzen und Aufgaben. Die auf den ersten Blick einfache Beziehung zwischen Bauherrschaft und Generalplaner wächst sich so zu einem «Sanduhr-Organigramm» aus (siehe Grafik 19).

Bremser und Förderer lokalisieren

Jedes Projekt kennt Förderer, Bremser und Beteiligte mit einer neutralen Einstellung. Wer sie kennt, kann entsprechend auf sie reagieren und sie sich zunutze machen oder rechtzeitig neutralisieren. Als GP-Lead ist es deshalb wichtig, rechtzeitig eine sogenannnte Stakeholdermap (siehe unten) zu erstellen, in der alle am Projekt Beteiligten und ihre Einstellung erfasst werden.

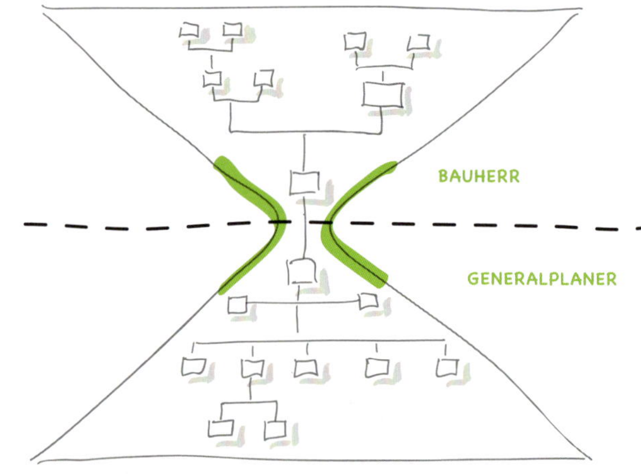

Grafik 19

Die Beziehung zwischen Bauherrschaft und Generalplaner ist komplexer, als es auf den ersten Blick scheint.

Stakeholder	Ziele/Interessen	Einstellung zum Projekt	Macht und Einfluss
Stakeholder 1	Tiefer Preis	Positiv	Hoch
Stakeholder 2	Termintreue	Neutral	Mittel
Stakeholder 3	Gute Architektur	Negativ	Tief
...	...	...	...
...	...	...	...
...	...	...	...

● Erläuterung: Stakeholder mit hohem Einfluss respektive grosser Macht müssen besonders beachtet werden. Je nach Einstellung zum Projekt sind sie entweder Förderer oder Bremser. Werden Bremser frühzeitig lokalisiert, kann man entsprechend auf sie reagieren.

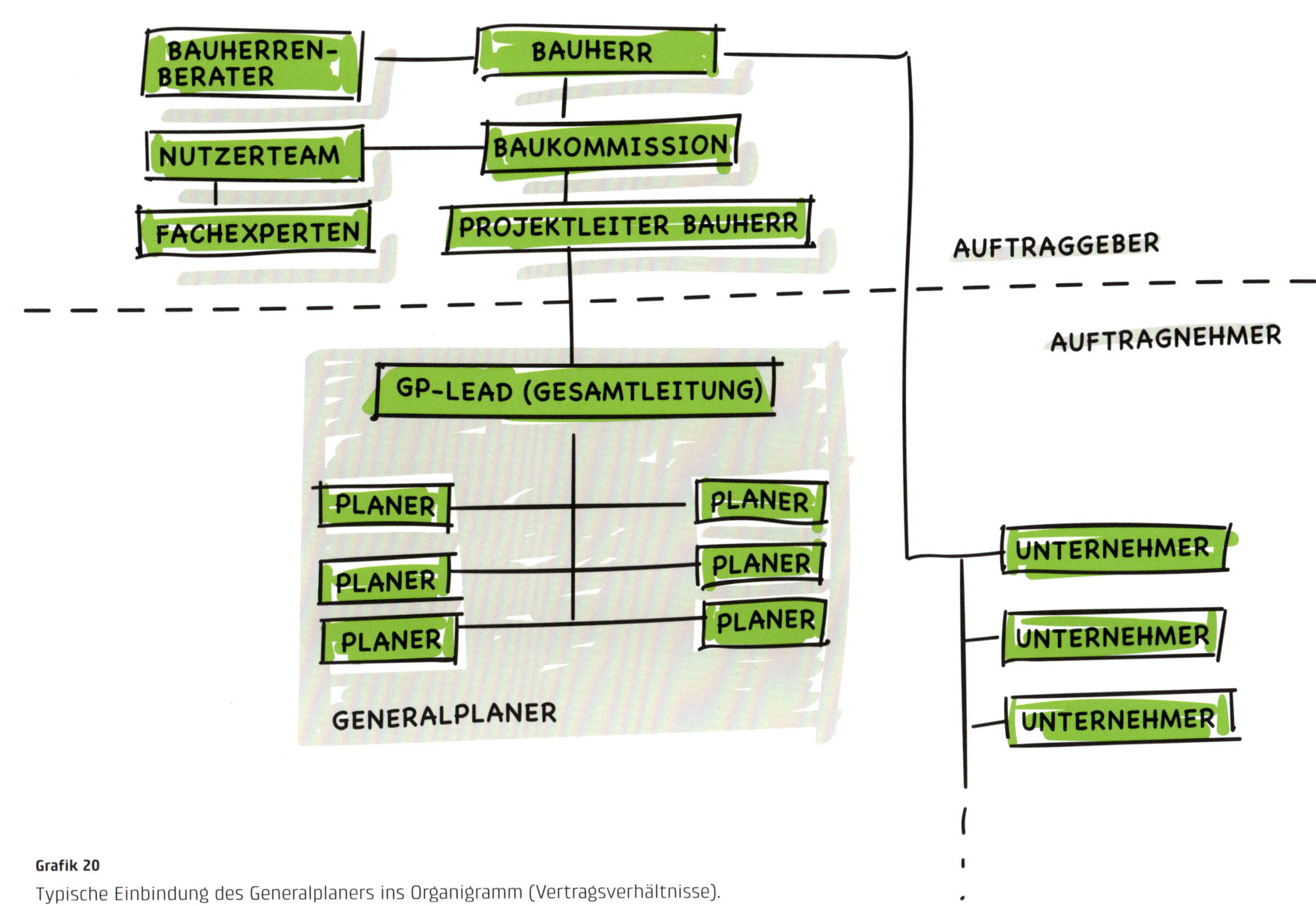

Grafik 20

Typische Einbindung des Generalplaners ins Organigramm (Vertragsverhältnisse).

Welches Modell passt?

Arbeitsgemeinschaft (ARGE), Architekt als Generalplaner oder eigens gegründetes Unternehmen, beispielsweise in Form einer einfachen Gesellschaft – für das Modell Generalplaner sind verschiedene Organisationsformen möglich. Welche die richtige ist, hängt von zahlreichen Faktoren ab und muss projektspezifisch festgelegt werden:

- Zahl der beteiligten Planer
- Erfahrung der Beteiligten
- Risiken und Risikobereitschaft der Beteiligten
- Grösse des Projekts
- Kosten des Projekts
- Zeitdauer des Projekts
- Entscheidungstempo
- Wünsche der Bauherrschaft
- Professionalität der Bauherrschaft
- Stellung des GP-Leads im Team
- Leistungsdefinition
- ...

Die passende Rechts- und Organisationsform für den Generalplaner muss projektspezifisch gewählt werden.

Rechtsform des Generalplaners

Für die Organisationsform des Generalplaners kommt meist eines der drei folgenden Modelle zur Anwendung (siehe auch Grafik 21, Seite 101).

- Ein Unternehmen (zum Beispiel ein spezieller Dienstleister oder eine Architektin) agiert als Generalplaner und beauftragt die einzelnen Planer.

Zukunft

Massgeschneiderte Lösungen

DIE Lösung für die Zusammenarbeit zwischen Generalplaner und Bauherrschaft, aber auch für die Organisation innerhalb des Generalplanerteams, gibt es künftig nicht mehr. Welche Form passt, wird vor allem von der Art und vom Umfang des Projekts abhängen und muss individuell in Zusammenarbeit mit dem Auftraggeber festgelegt werden. So dürfte es für den Bau eines Rechenzentrums eine ganz andere Art der Zusammenarbeit brauchen als etwa bei einem Schulhaus.

- Zwei oder mehr Planer (zum Beispiel Architekt und Baumanagerin) bilden zusammen als Arbeitsgemeinschaft (ARGE) den Generalplaner und beauftragen weitere Planer.
- Alle wichtigen Planer bilden zusammen als Planergemeischaft den Generalplaner.

Welche Rechtsform schliesslich für die Zusammenarbeit gewählt wird, hängt wiederum von der Art des Projekts, den Gefahren, dem Zeitrahmen und weiteren Faktoren ab (siehe Seite 98). Grundsätzlich stehen dabei alle Rechtsformen für Firmen zur Wahl. Ziel ist es, diejenige Rechts- und Organisationsform zu finden, die den geringsten Aufwand verursacht und am wenigsten Gefahren birgt. Infrage kommen unter anderem folgende Formen (siehe auch Grafik 21, Seite 101):

- Integration der Generalplanerfunktion in eine bestehende Firma, Abgrenzung lediglich auf organisatorischer Ebene
- Gründung einer separaten Firma, zum Beispiel eine GmbH oder AG, mit dem entsprechenden Aufwand für den Aufbau, die Formalitäten (Handelsregister, Versicherungen, MwSt. etc.) und die Führung
- Planergemeinschaften mit solidarischer Haftung aller Beteiligten, beispielsweise in Form einer Arbeitsgemeinschaft (ARGE) oder einer einfachen Gesellschaft
- Gründung einer Einzelfirma

Bauherr

Sie sind mehr als nur Bauherr

In einem Bauprojekt sind Sie nicht nur Bauherr oder Bauherrin, sondern auch:

- Initiator
- Entscheider
- Nutzer
- Investor
- Projektleiter auf Bauherrenseite

Dieser Funktionen sollten Sie sich bewusst sein. Mit dazu gehört, dass Sie die nötigen Entscheidungen zum richtigen Zeitpunkt fällen. Wenn Sie sie hinauszögern, erschweren Sie die Arbeit des Generalplaners unnötig.

Kein Generalplaner ohne Backoffice

Damit der Generalplaner effizient arbeiten kann, braucht er ein ausreichend dotiertes Backoffice, das administrative Arbeiten übernimmt. Das Backoffice sorgt beispielsweise für die Honorarbuchhaltung auf beiden Seiten – also sowohl für die Verrechnung der Aufwände gegenüber der Bauherrschaft als auch für die Bezahlung der Planer.

Architekten und Architektinnen – macht den Generalplaner! Damit bestimmt ihr mit, wie das Planungsteam zusammengestellt wird (oder bestimmt es ganz) und übernehmt nicht nur inhaltlich (Gesamtleitung) den Lead, sondern auch organisatorisch!

Christoph Kellenberger,
Founding Partner OOS AG, Zürich

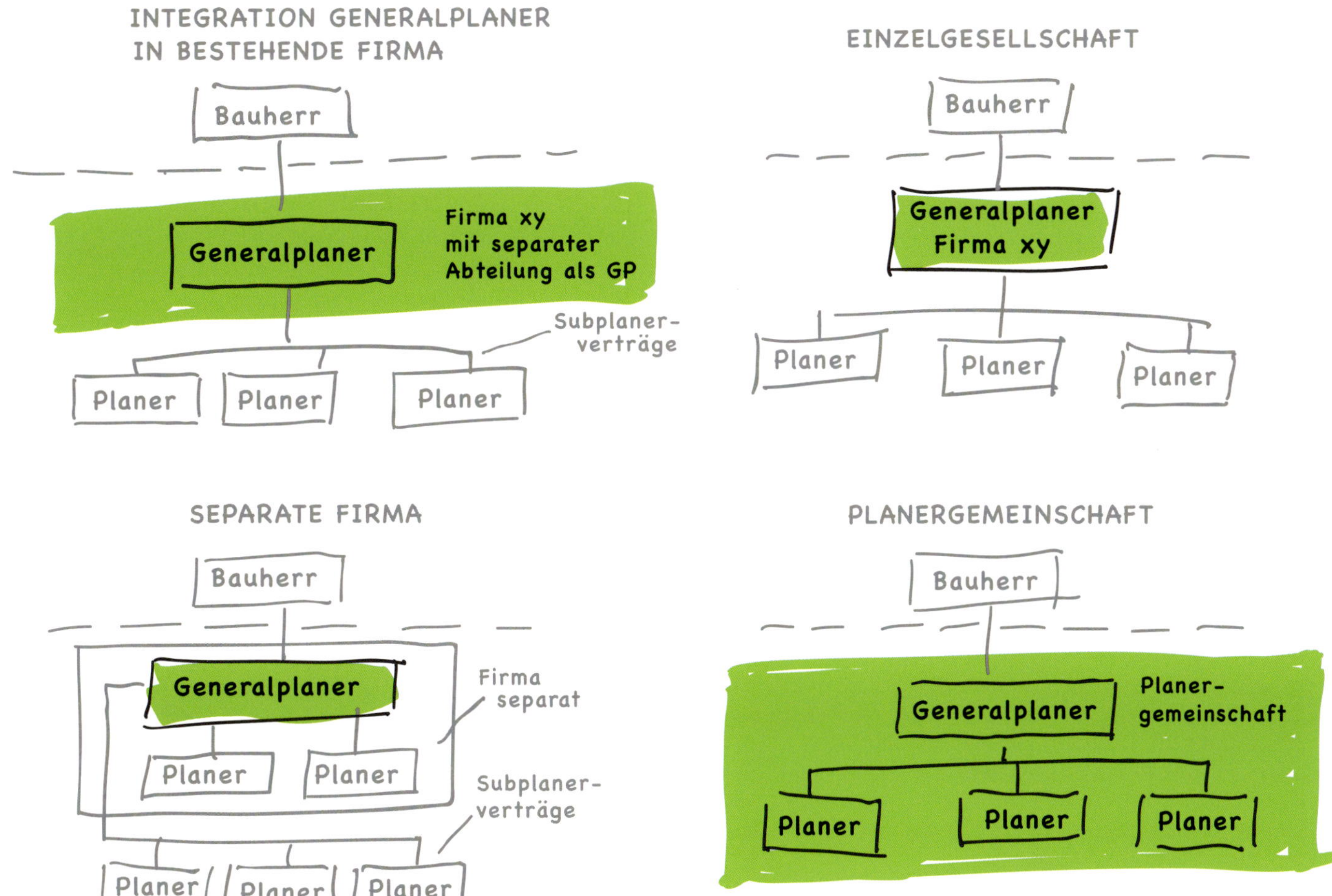

Grafik 21

Integriert, separat oder als Gemeinschaft – Organisationsformen für Generalplaner.
Jede Form hat ihre Vor- und Nachteile. Diese müssen projektspezifisch abgewogen werden (siehe auch nächste Seite).

Stabile Grundstruktur

Äussere und innere Einflüsse verlangen im Projektablauf immer wieder nach einer Anpassung des Generalplaners, einerseits aufgrund personeller Wechsel oder veränderter Anforderungen seitens der Bauherrschaft, andererseits, weil in den verschiedenen Phasen des Projekts andere Fachleute involviert sind. So kommen beispielsweise in der Ausschreibungs- und Ausführungsphase Bauleitungsspezialisten hinzu, dafür werden andere Planer und Spezialisten nicht mehr benötigt.

Um diesen Anforderungen gerecht zu werden, benötigt der Generalplaner eine stabile Grundstruktur, die sich in den verschiedenen Phasen modular anpassen lässt. Dabei gilt: Je einfacher die Struktur, desto flexibler ist sie.

Kernteam und Module

Eine für Generalplaner gut geeignete Struktur lässt sich mit einer mal wachsenden, mal schrumpfenden Pyramide vergleichen (siehe Grafik 22). An der Spitze befindet sich das Kernteam, darunter werden je nach Bedarf modular weitere Teams an- und wieder abgehängt. Das Kernteam umfasst den GP-Lead und die Leiter der wichtigsten Bereiche des Projekts, beispielsweise der Architektur, der Haustechnik und der Ausführung. Ergänzt wird dieses Kernteam durch Stabsstellen, etwa das Backoffice für den Generalplaner, und das Projekt, das Qualitätsmanagement, die Administration und das Controlling. Die einzelnen Module wiederum – zum Beispiel dasjenige für die Haustechnik – funktionieren autonom und sind nur über ihren Bereichsleiter mit dem Kernteam verbunden. Ein solches System erlaubt nicht nur eine hohe Flexibilität über den Projektverlauf hinweg, sondern ermöglicht dank kleiner Subteams (Module) auch kurze Entscheidungswege und Sitzungen mit relativ wenigen Beteiligten.

Eine modular aufgebaute Organisationsform schafft die nötige Flexibilität.

Bauherr

Machen Sie klare Vorgaben

Die Organisationsform des Generalplaners ist mitentscheidend für eine erfolgreiche Umsetzung des Projekts. Deshalb sollten Sie als Bauherr oder Bauherrin klar vorgeben, wie die Zusammenarbeit zu funktionieren hat, und die zu erreichenden Ziele definieren. Zudem braucht es auch auf Ihrer Seite klare Organisationsstrukturen und Zielvorgaben.

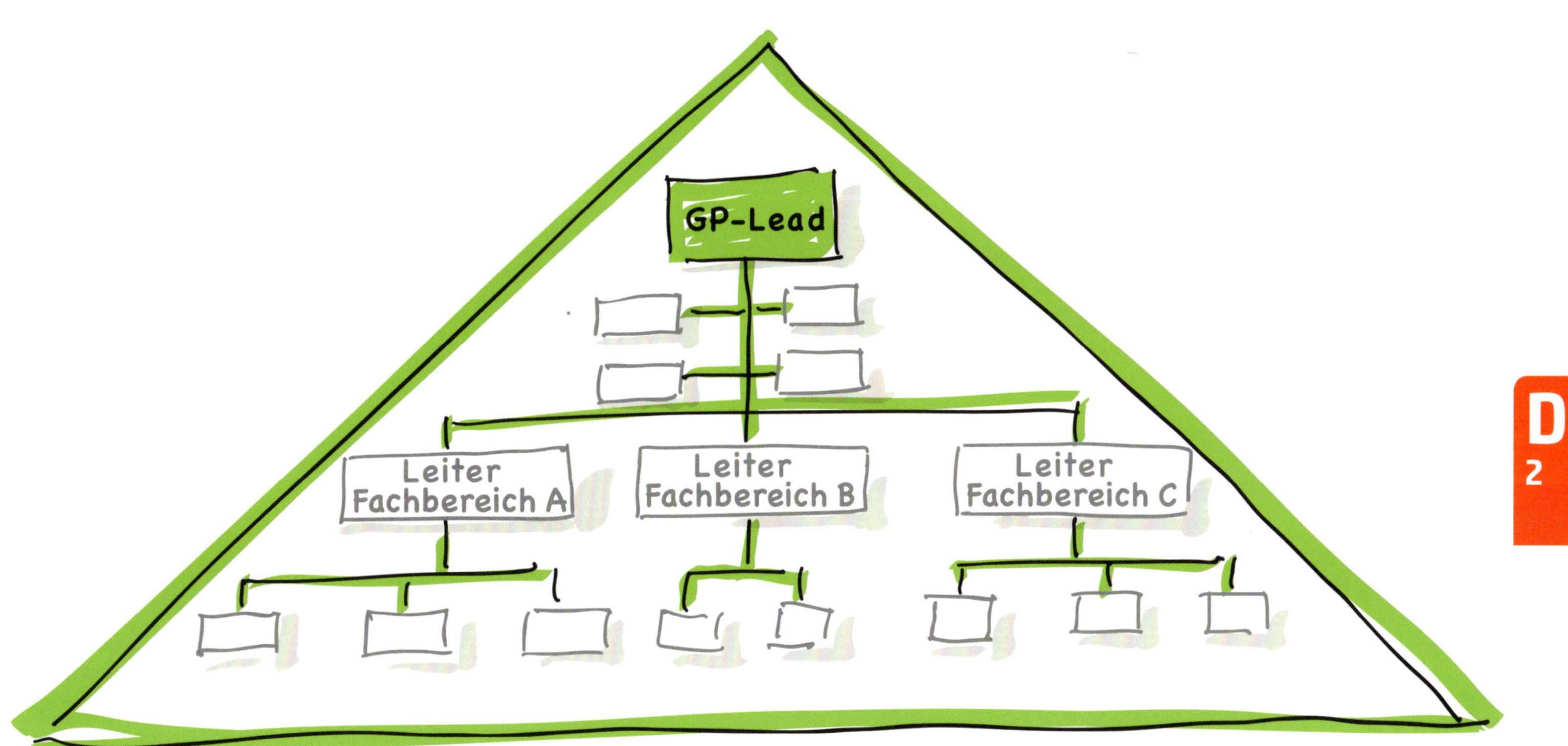

D
2

Grafik 22
Die optimale interne Organisation eines Generalplaners entspricht der Form einer Pyramide.

Umsichtige Evaluation der Partner

Damit der Generalplaner und die von ihm beauftragten Planer als Team effizient und zielführend zusammenarbeiten können, müssen sich alle Beteiligten gut ins Ganze einfügen und über die nötigen Kompetenzen verfügen. Entscheidend sind dabei insbesondere die Planer, die das Rückgrat des Teams bilden. Idealerweise erfolgt die Evaluation möglicher Beteiligter für ein Generalplanermandat nicht erst bei der Akquise, sondern schon früher. Es lohnt sich deshalb, genügend Zeit für die Wahl der passenden Partner aufzuwenden und ausführliche Gespräche zu führen. Dabei geht es nicht nur um die fachliche Eignung, sondern auch um die Kompatibilität mit dem Team und um die Unternehmenskultur (siehe Nutzwertanalyse). Mit einbezogen werden müssen zudem Aspekte wie die geografische Lage, die Sprache und die Herkunft der Schlüsselpersonen. Letztere ist vor allem wichtig in Bezug auf die Vertrautheit mit den hiesigen Normen und der Bau- und Planungskultur. Gerade bei Projekten mit internationaler Besetzung, zum Beispiel mit ausländischen Architekten, kann dies eine besondere Herausforderung darstellen.

Drum prüfe, wer sich bindet.

Digital und real geschickt kombinieren

Die Lockdowns während der Coronapandemie verhalfen Meetings per Video zum Durchbruch. Weitere Tools unterstützen die Teamarbeit über grosse Distanzen hinweg – etwa virtuelle Boards oder Chats. Die Erfahrungen mit all diesen Werkzeugen haben aber gezeigt: Der richtige Mix aus physischen Treffen vor Ort, Video-Meetings und weiteren Tools für den virtuellen Austausch macht es aus. Das gilt auch für die Arbeit im Generalplanerteam und den Austausch mit weiteren am Projekt Beteiligten – etwa der Bauherrschaft oder den künftigen Nutzerinnen und Betreibern. Geht es darum, zusammen rasch und innerhalb eines Treffens Resultate zu erarbeiten, sind physische Sitzungen oder Workshops vor Ort das optimale Setting. Geht es nur um Routinesitzungen oder kurze Besprechungen, bieten Video-Meetings oder virtuelle Boards eine zeitsparende Lösung. Sie eignen sich ebenso für die Vorbereitung von Workshops oder Sitzungen, die anschliessend mit persönlicher Anwesenheit durchgeführt werden.

Nutzwertanalyse Auswahl Planer

		Kandidat 1		Kandidat 2		Kandidat 3	
	Gewichtung (von 1–10)	Note (1–6)	Resultat	Note (1–6)	Resultat	Note (1–6)	Resultat
Beispiel	4 ×	5	= 20	6	= 24	3,5	= 14
Genügt der Planer den Anforderungen des Projekts?							
Wie ist die Erfahrung aus der früheren Zusammenarbeit?							
Wie gut sind die Referenzen?							
Welche Einstellung hat der Planer zum Generalplanermodell?							
Passt seine Unternehmenskultur zum Team?							
Wie gut sind die Schlüsselpersonen qualifiziert?							
Ist er qualifiziert für neue Tools wie BIM und Lean Construction?							
Wie sieht das Aufgabenverständnis des Planers aus?							
Total							

* 1 = völlig ungenügend
6 = perfekt

Dieselbe Nutzwertanalyse lässt sich auch für die Bewertung von Partnern innerhalb des Generalplanerteams oder von Spezialisten einsetzen. Bei Letzteren liegt das Gewicht aber vor allem auf der fachlichen Qualifikation, da sie nur fallweise für den Generalplaner arbeiten.

D 2

Virtuelle Organisation

Im vom Generalplaner geführten Team arbeiten über Monate oder Jahre hinweg Mitarbeitende aus verschiedenen Unternehmen eng zusammen. Dadurch entsteht eine virtuelle Organisation, die analog einem realen Unternehmen aufgebaut und geführt werden muss. Dazu gehören beispielsweise:

- Standortwahl (Projektoffice versus Satellitenlösung)
- Vertragsverhältnisse
- Projekthandbücher (intern und extern)
- Ablaufschemen für den Prozess
- Online-Datenablage (Collaboration-Plattform)
- Projektbezogene Weisungsbefugnis
- Kulturaspekt
- Führungskompetenzen
- Führen ohne Weisungsbefugnis

Den Generalplaner leben

Seine Stärken kann ein Generalplanerteam dann maximal ausspielen, wenn alle im Team vereinten Personen – Projektleiterinnen, Sachbearbeiter, Bauleiterinnen, Zeichner, Praktikantinnen, Assistenten etc. – das gleiche Verständnis vom Generalplanermodell haben und dies in ihrer täglichen Arbeit auch leben. Das bedeutet in erster Linie, sich als Bestandteil eines büroübergreifenden, meist räumlich getrennten, interdisziplinär denkenden und arbeitenden Teams zu fühlen und entsprechend zu handeln.

Diese Haltung manifestiert sich nicht allein in der Nutzung von Collaboration-Tools, sondern auch im direkten Umgang untereinander und insbesondere im differenzierten Verhalten gegenüber der Bauherrschaft. Der direkte Kontakt der Beteiligten zur Bauherrschaft wird durch den GP-Lead koordiniert und organisiert. Seine Aufgabe ist es, bei den verantwortlichen Personen in den einzelnen Unternehmen das Verständnis für das Wesen der Generalplanung zu vermitteln und zu fördern.

Zukunft

Datenmodelle trügen nicht

Die Nutzung von Datenmodellen – etwa bei Lean Construction – erlaubt eine präzise Kontrolle des Bauablaufs. Sie sind für den GP-Lead deshalb ein wichtiges Arbeitsinstrument. Voraussetzung ist aber, dass man Abweichungen im Datenmodell ernst nimmt, rasch analysiert und darauf vorbereitet ist, geeignete Gegenmassnahmen zeitnah einzuleiten. Basis dafür bildet eine gute Fehlerkultur, die auf Problemlösungen statt Schuldzuweisungen setzt.

Best Practice

Sorgen Sie für Teamgeist

Gegenüber dem Bauherrn ist das geeinte Auftreten des Generalplaners besonders wichtig. Auch wenn dahinter eine virtuelle Firma steckt, muss der Kunde das Gefühl haben, es mit einem einzigen Unternehmen zu tun zu haben. Investieren Sie deshalb in den Teambildungsprozess. Dazu gehört beispielsweise eine Startveranstaltung, an der sich alle Beteiligten persönlich kennenlernen. Wichtig sind aber auch regelmässige Anlässe während der Projektarbeit.

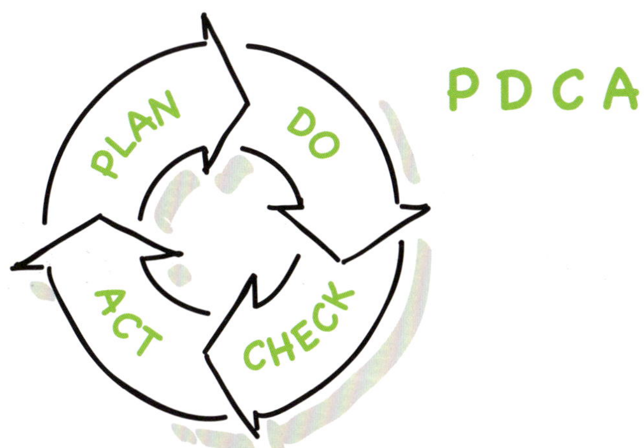

P
- Massnahmen für Planung und Umsetzung festlegen und Messkriterien bestimmen
- Verantwortlichkeiten und Datum der Umsetzung definieren

D
- Umsetzen der beschriebenen Massnahmen
- Rechtzeitige Reaktion, wenn Termine nicht erreicht oder Aktivitäten nicht durchgeführt werden

C
- Gemeinsames Prüfen der Umsetzung der festgelegten Massnahmen

A
- Folgemassnahmen aufgrund der Erkenntnisse bestimmen
- Key-Performance-Indikator führen

Grafik 23

So werden Prozesse besser: plan – do – check – act.

Nebst organisatorischen und administrativen Aspekten sind auch Massnahmen sinnvoll, die den GP-Teamspirit im klassischen Sinn fördern und stärken. Dazu zählen nicht nur soziale Veranstaltungen, sondern auch gemeinsame Projektoffices – konkret, nicht bloss virtuell. Die Arbeit in Generalplanerteams unterscheidet sich nicht grundsätzlich von der sonstigen Arbeit in Teams, zeichnet sich aber dennoch durch eine besondere Verbundenheit aus, die keine Bürogrenzen kennt und somit vor allem eine Frage der Einstellung ist.

Prozesse optimieren

Die Arbeit im Team ermöglicht es dem Generalplaner, Prozesse für Planungsabläufe zu definieren und laufend zu verbessern, um dann die Erkenntnisse für weitere Projekte ähnlicher Art wiederzuverwenden. Wichtig ist dabei, immer die gesamte Wertschöpfungskette im Auge zu behalten und wiederkehrende Muster innerhalb der Prozesse zu erkennen. Das Ziel dieser kontinuierlichen Verbesserung sind möglichst stabile Prozesse. Diese generieren sowohl für den Generalplaner als auch für den Bauherrn einen grossen Mehrwert.

Der PDCA-Prozess

Plan, do, check, act – planen, machen, prüfen, handeln: So lässt sich die laufende Verbesserung von Prozessen umschreiben. Die einzelnen Schritte der Projekt- und Prozesssteuerung durchlaufen dabei eine sich ständig wiederholende Schleife – in der Fachwelt Deming-Circle genannt –, die bekannten Prozesse werden ständig überarbeitet (siehe Grafik 23). Gerade für Generalplanerteams ist die laufende Verbesserung der Abläufe wichtig, denn nur dadurch kann schliesslich wirklich ein Mehrwert generiert werden.

D.3 Honorierung

[Summary]

Der Generalplaner übernimmt Aufgaben und zum Teil auch Risiken, die sonst traditionellerweise zum Bereich der Bauherrschaft oder der einzelnen Planer gehören würden – beispielsweise die vertragliche Anbindung der Planer und deren Führung. Sein Honorar setzt sich deshalb einerseits aus der Entschädigung zusammen, die der Bauherr für die Übernahme solcher Aufgaben bezahlt, andererseits aus Teilen der Honorare der Planer für Leistungen, die diese nicht selber erbringen müssen. In der Regel umfasst das Honorar des Generalplaners acht bis zwölf Prozent der gesamten Honorarsumme aller Planer gemäss SIA 102 bis 110. Dazu kommen Abgeltungen der beauftragten Planer für Versicherung, Übernahme des Risikos sowie Auftragsakquise.

D
3

Honoraraufteilung

Massgebend für die Honorierung des Generalplaners sind die von ihm erbrachten Leistungen sowie die damit verbundene Verantwortung: Der GP-Lead organisiert das Generalplanerteam, schliesst die Verträge mit den beauftragten Planern ab, baut das Controlling auf und sorgt dafür, dass die Wünsche der Bauherrschaft bei den Planern ankommen und von diesen umgesetzt werden. Im Klartext: Der Generalplaner übernimmt, verglichen mit der klassischen Leitungsfunktion des Architekten, zusätzliche Aufgaben von der Bauherrschaft und trägt wesentlich mehr Verantwortung, da die Planer vertraglich an ihn und nicht an die Bauherrschaft gebunden sind. Die zusätzlichen Leistungen und die grössere Verantwortung müssen durch die Honorierung abgedeckt sein.

Zusatzhonorar des Bauherrn + Abgeltung vonseiten der Planer = Honorar des Generalplaners

Gleichzeitig entlastet der Generalplaner die beauftragten Planer von verschiedenen Aufgaben und nimmt ihnen Risiken ab: So führt er das Team, ist Hauptansprechpartner der Bauherrschaft, kümmert sich um die Administration sowie die Honorare und vereinfacht durch geschickte Organisation das Sitzungswesen.

Analog zu den beiden zusätzlich übernommenen Aufgabengebieten setzt sich das Honorar des Generalplaners in der Regel aus zwei Teilen zusammen: einer Entschädigung vonseiten des Bauherrn und einem Anteil der Honorare der Planer, den diese für die Übernahme von Aufgaben abtreten. Erfahrungsgemäss belaufen sich beide Anteile auf je vier bis sechs Prozent der Honorare aller Planer gemäss SIA. Während der Anteil vonseiten der Planer vom Gesamthonorar gemäss SIA abgezweigt wird, muss der Honoraranteil für die Übernahme von Aufgaben der Bauherrschaft von dieser zusätzlich

Bauherr

Honorieren Sie die Leistung

Seien Sie sich bewusst, welche Leistungen ein Generalplaner erbringt und wie stark er Sie als Bauherr oder Bauherrin von Aufgaben entlastet, die Sie sonst selbst wahrnehmen müssten – etwa von der Verantwortung für die einzelnen Planer, von Vertragsabschlüssen und Sitzungen. Der Generalplaner ist für seinen Aufwand auf ein kostendeckendes Honorar angewiesen.

sia

LHO 102

Die Ordnung für Leistungen und Honorare der Architektinnen und Architekten (LHO 102) nennt in der aktuellen Version (2020) keine explizite Höhe für den Honorarzuschlag bei der Übernahme eines Generalplanermandats. Die LHO hält aber fest, dass eine Erhöhung des Honorars zu prüfen ist, wenn der Auftraggeber explizit ein solches Mandat wünscht.

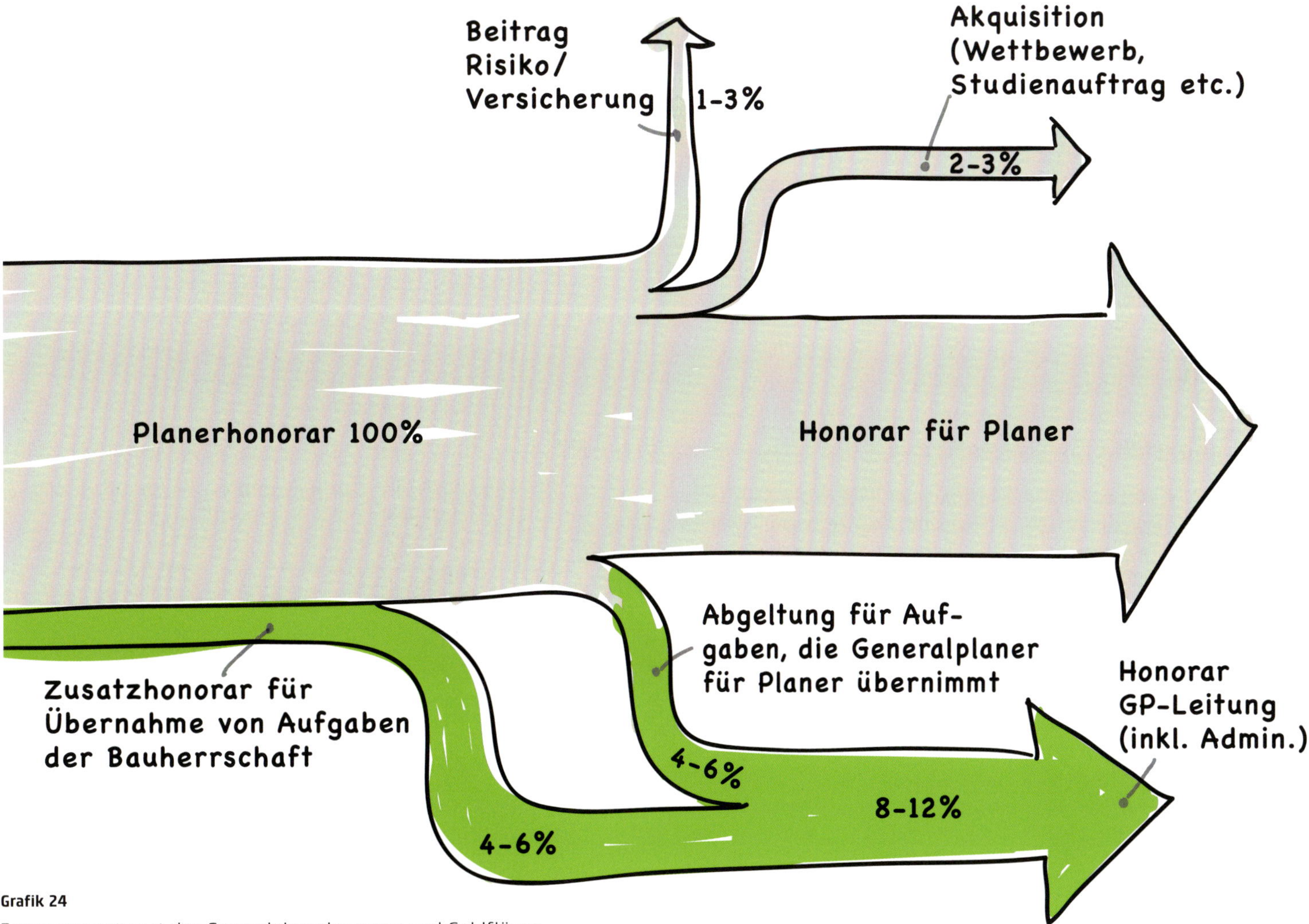

Grafik 24

Zusammensetzung des Generalplanerhonorars und Geldflüsse.

aufgebracht werden. Insgesamt beläuft sich das Honorar des Generalplaners also auf acht bis zwölf Prozent der gesamten Honorarsumme nach SIA. Dazu kommen noch Abgeltungen der beauftragten Planer für Versicherung, Risikoabdeckung und Akquiseaufwand (siehe Grafik 24, Seite 111) – für Leistungen also, die sie dank der Zusammenarbeit mit dem Generalplaner nicht selber erbringen müssen.

Aufgaben kombinieren

Je nach Projektgrösse ist aus ökonomischen Gründen eine Kombination von Aufgaben sinnvoll. So macht es beispielsweise Sinn, dass der Generalplaner bei kleineren Bauvorhaben auch die Bauökonomie und die Bauleitung übernimmt. Die dadurch entstehenden Synergien sind sowohl für den Generalplaner als auch für die Bauherrschaft sinnvoll.

Honorarpauschale ist Standard

Die Entschädigung des Generalplaners wird in der Regel individuell ausgehandelt und als Pauschale festgelegt. Basis für die Errechnung ist in den meisten Fällen der Stundenaufwand, der dann entweder mit den Stundenansätzen der einzelnen Beteiligten oder mit den Kostentarifen gemäss SIA multipliziert wird.

Honorarausfälle regeln

In der Planungs- wie in der Ausführungsphase läuft nicht immer alles rund, etwa wenn die Planungsarbeit stockt, weil der Bauherr wichtige Entscheide noch nicht gefällt hat oder sich die Baubewilligung verzögert. Oberstes Ziel des Bauherrn und des Generalplaners sollte es sein, solche Ausfälle und Verzögerungen durch eine geschickte Terminplanung und einen intelligenten Zahlungsplan möglichst zu verhindern oder ihnen vorausschauend zu begegnen – bei zeitlich engen Projekten beispielsweise durch eine teilweise Überlappung der Phasen. Unabhängig davon gehören in einen Generalplaner-

Zukunft

Neues Honorierungsmodell

Neue Formen der Zusammenarbeit wirken sich auf die Honorierung aus. Grundsätzlich geht es darum sicherzustellen, dass der in einer Projektphase angefallene Arbeitsaufwand entschädigt wird – unanhängig von den SIA-Phasen. Wird in kollaborativen Formen gearbeitet (siehe Seite 162), müssen auch eine eventuelle Überschussverteilung oder die Aufteilung von Mehrkosten vorab geregelt werden.

Best Practice

Orientieren Sie sich an der Faustregel

Die langjährige Erfahrung aus der Praxis zeigt: Das Honorar des Generalplaners (ohne Abgeltungen für Risiko, Versicherungen und Akquise) beträgt acht bis zwölf Prozent der Gesamtsumme der Honorare aller Planer gemäss SIA 102–110. Die Höhe hängt in der Regel weniger von der Bausumme ab als vom Zeitaufwand für das Generalplanermandat.

Best Practice

Legen Sie die Honorare offen

Als Generalplaner sind Sie grundsätzlich selber für die Honorierung Ihrer Planer verantwortlich. Umgekehrt möchten viele Bauherren wissen, wie viel Sie den einzelnen Spezialisten bezahlen. In der Praxis hat sich folgende Lösung bewährt: In der Generalplanerofferte werden die Honorare für die Planer offengelegt. Der GP-interne Zahlungsplan und die Honoraranteile der Planer in den einzelnen Phasen sind hingegen allein Ihre Sache.

vertrag immer auch Regelungen für Ausfallhonorare, wenn die Arbeiten aus Gründen sistiert werden, die nicht in der Verantwortung des Planerteams liegen. Dabei haben sich folgende Punkte bewährt:

- Vor Abschluss des Vertrags wird mit dem Bauherrn ein detaillierter Terminplan erarbeitet. Die wichtigsten Eckpunkte dieses Terminplans – beispielsweise Beginn und Ende von Phasen – werden als feste Bestandteile in den Vertrag integriert.
- Für die Berechnung von Ausfallhonoraren wird im Vertrag der Schnitt der Honorare der vorangegangenen drei Monate festgelegt. Dadurch lassen sich Ausschläge nach unten oder oben glätten.

Bezahlung der Planer

Als alleiniger Vertragspartner des Bauherrn agiert der Generalplaner auch als Finanzdrehscheibe für sich und für alle von ihm beauftragten Planer. Er stellt die Honorarrechnungen an die Bauherrschaft und begleicht aus den Zahlungen die Arbeit der Planer. Wichtig sind dabei klare Verhältnisse und Transparenz: Die Bezahlung der Planer verläuft idealerweise synchron mit derjenigen des Generalplaners – im Fachjargon «pay when paid» genannt. Will heissen: Nachdem eine Honorarzahlung des Bauherrn eingetroffen ist, erhalten die beauftragten Planer ihre Anteile.

Für die Bezahlung der Planer durch den Generalplaner gilt: Pay when paid!

D.4 Projektqualitätsmanagement

[Summary]

Wie in der Industrie hat die Qualitätssicherung heute auch in der Bauwirtschaft eine grosse Wichtigkeit. Um sicherzustellen, dass alle projektrelevanten Anforderungen eingehalten werden, benötigt ein Generalplaner deshalb ein der Grösse und Komplexität des Projekts angepasstes Projektqualitätsmanagement (PQM) – sowohl für das Projekt als auch für die interne Organisation. Dieses kann bei mittleren Projekten mit gängigen Instrumenten sichergestellt werden, bei grossen und komplexen Aufgaben ist jedoch ein zertifiziertes PQM nötig.

Nicht ohne Qualitätssicherung

Mit seinem erweiterten Aufgabenfeld und der direkten Beauftragung aller Planer übernimmt der Generalplaner die Hauptverantwortung für die Planung und Realisierung eines Projekts. Er ist Dreh- und Angelpunkt im Informationsfluss zwischen Bauherrschaft und Planern wie auch zwischen den verschiedenen Planern. Entsprechend wichtig ist die Installation eines projektbezogenen Qualitätsmanagements (PQM). Dieses kann entweder vonseiten des Generalplaners oder von der Bauherrschaft respektive von deren Bauherrenvertreter installiert werden. Das PQM fokussiert in erster Linie auf die Nahtstellen der am Projekt Beteiligten – dort, wo Informationen und Kompetenzen unternehmensübergreifend die Hand wechseln. Es stellt sicher, dass alle für das Projekt relevanten Anforderungen eingehalten werden. Dabei werden nicht nur der Planungs- und der Bauprozess, sondern auch das fertiggestellte Bauwerk mit einbezogen.

Ein systematisches PQM stärkt die Effizienz und Effektivität aller beim Generalplaner eingesetzten Mittel.

Mehrwert für alle

Auf den ersten Blick bringt die Einführung eines PQM einen zeitlichen und finanziellen Mehraufwand mit sich. Ein zweiter Blick zeigt aber, dass ein systematisches PQM allen am Projekt Beteiligten einen Mehrwert bringt:

- Das PQM reduziert die Risiken der Bauherrschaft in Bezug auf das Verfehlen von Projektzielen und auf Qualitätsmängel, die sich nach dem Bau respektive nach Ablauf der Garantiezeit zeigen können.
- Das PQM reduziert die Risiken des Generalplaners, der beauftragten Planer und der Unternehmer in Bezug auf Störungen und Änderungen im Projektablauf sowie bei Garantieleistungen.

Bauherr

Bestehen Sie auf einem PQM

Gute und versierte Generalplaner installieren von sich aus ein Projektqualitätsmanagement (PQM). Dieses stellt für Sie als Bauherr oder Bauherrin sicher, dass Ihre Projektziele erfüllt werden und die Zahl der Fehlplanungen und Baumängel möglichst klein bleibt. Schlägt der Generalplaner von sich aus kein PQM vor, sollten Sie ein solches verbindlich einfordern. Bei grossen und komplexen Vorhaben macht es zudem Sinn, das PQM durch eine Fachperson (PQM-Spezialistin oder Bauherrenvertreter) prüfen zu lassen.

- Das PQM zeigt Optimierungschancen auf und hilft den Beteiligten, ihre Qualitätsanstrengungen auf diejenigen Aspekte zu fokussieren, auf die es besonders ankommt.

Wie viel PQM braucht es?

Der Umfang des PQM hängt sehr von der Grösse und Komplexität des Projekts ab und muss deshalb im Einzelfall festgelegt werden:

- Für Projekte mittlerer Grösse und Komplexität können gängige Methoden und Instrumente aus der Praxis eingesetzt werden.
- Bei grossen, komplexen Projekten, mit denen Generalplaner häufig konfrontiert sind, braucht es allenfalls ein zertifiziertes PQM. Oft ist auch der Beizug von PQM-Spezialisten nötig. Hinweise dazu liefert beispielsweise das SIA-Merkblatt 2007. Dieses basiert wiederum auf den ISO-Normen 9000, 9001 und 9004.

Unabhängig davon, ob gängige Methoden oder ein zertifiziertes PQM zum Einsatz kommen, ist ein modularer Aufbau sinnvoll, der sich an den Phasen 1 bis 6 des SIA orientiert.

Wa

E

Akquise, Praxis, Zusammenarbeit

E.1. Fehlende Standards, falsche Erwartungen

[Summary]

In den letzten Jahren hat sich das Modell des Generalplaners in der Bau- und Immobilienwelt immer besser etabliert. Auf Bauherrenseite wecken die noch fehlenden Standards aber oftmals falsche Erwartungen: Der Generalplaner wird gern mit dem Gesamtleiter gleichgesetzt. Handkehrum kommt es auch zu falschen Versprechungen von Generalplanern gegenüber potenziellen Auftraggebern. Für Firmen wiederum, die als Generalplaner tätig sind, ist der Aufwand für die Akquise hoch – insbesondere, weil seitens der Bauherren hohe Ansprüche an die Referenzen des Unternehmens, aber auch der Schlüsselpersonen gestellt werden.

Immer beliebtere Alternative

Das Modell des Generalplaners hat sich in den letzten Jahren als Alternative zur klassischen Planung – mit der Führung des Architekten und der Fachplaner durch den Bauherrn – etabliert. Verschiedene Gründe haben zu dieser Entwicklung geführt:

- **Komplexität:** Die Bauaufgaben werden laufend vielschichtiger. Immer aufwendigere technische Anlagen, kürzere Bauzeiten und höhere Standards erfordern den Beizug von immer mehr Spezialisten, die im klassischen Modell alle durch den Auftraggeber geführt werden müssten.
- **Kerngeschäft:** Viele grosse Bauherren haben ihre Bauabteilungen verschlankt und konzentrieren sich vermehrt auf ihr Kerngeschäft. Für die Führung der Planer fehlt es deshalb oft an Ressourcen.
- **Professionalisierung:** Auf Investorenseite sind heute meist professionelle Baufachleute tätig. Diese suchen für die Umsetzung ihrer Wünsche ein ebenso professionelles Gegenüber.
- **Qualität:** Das in den letzten 20 Jahren oft angewendete Modell, bei dem eine Bauaufgabe bereits in der Projektierungsphase an einen Totalunternehmer übergeben wird, zeigt immer wieder Schwächen.
- **Digitalisierung:** Neue, auf digitalen Tools basierende Formen der Planung und Ausführung, etwa BIM oder Lean Construction, erfordern eine enge Zusammenarbeit aller Planer. Das Generalplanermodell erfüllt diese Anforderung optimal.

Entsprechend suchen Bauherren für die Planung ihrer Projekte vermehrt nach Alternativen – beispielsweise in Form von Generalplanern. Dieser Trend dürfte sich in Zukunft noch verstärken. Das zeigen auch die Ergebnisse einer Umfrage im Rahmen einer Masterarbeit an der ETH Zürich: 67 Prozent der befragten Anbieter von Generalplanerleistungen gehen davon aus, dass künftig noch mehr Projekte mit ihrem Modell geplant und realisiert werden.

Das Generalplanermodell ist immer häufiger gefragt.

Bauherr

Setzen Sie auf Qualität

Als Bauherr oder Bauherrin ist es Ihnen wichtig, dass Ihr Projekt auf Planerseite von kompetenten Schlüsselpersonen betreut wird. Wenn Sie auf einer bestimmten Person bestehen, erschwert das dem Generalplaner jedoch die flexible Projektorganisation, etwa wenn eine Person in leitender Funktion ausfällt. Die beste Lösung für beide Seiten ist: Legen Sie bei der Planerwahl das Gewicht mehr auf den Nachweis von Qualifikation, Erfahrung und Referenzen eines Unternehmens oder Planerteams als auf die Präsenz einzelner Köpfe. Halten Sie aber fest, dass leitende Mitarbeitende nur gegen Personen mit adäquater Ausbildung und Erfahrung ausgetauscht werden dürfen und dass dies nur mit Ihrem Einverständnis geschehen darf. Lassen Sie sich zudem aufzeigen, dass der Generalplaner über ein funktionierendes Stellvertreterprinzip verfügt.

Standards fehlen

Generalplaner sind in der Praxis heute zwar häufig anzutreffen, haben es aber nicht immer einfach, sich zu positionieren, denn ihre Aufgabe ist nicht standardisiert. Entsprechend kommt es manchmal zu Missverständnissen. So setzen beispielsweise Bauherren den Aufgabenbereich eines Generalplaners häufig mit dem eines Gesamtleiters gleich. Dabei unterscheiden sich das Spektrum der übernommenen Aufgaben und der Verantwortung klar (siehe Seite 58). Insbesondere sind beim Gesamtleiter die Planer weiterhin vertraglich direkt an die Bauherrschaft gebunden – der Generalplaner hingegen schliesst selber Verträge mit ihnen ab. Die Verwechslung von Generalplaner und Gesamtleiter – sowohl in der Ausschreibung als auch in der Implementierung im Planungsprozess – sorgt immer wieder für Schwierigkeiten und Missverständnisse.

Hoher Aufwand für Akquisition

Die Erfahrung zahlreicher Anbieter von Generalplanerleistungen zeigt, dass der Aufwand für die Akquise eines Mandats hoch ist. Das hat verschiedene Ursachen, die man so auch von anderen Planern und Ausführenden im Bauwesen kennt:

- **Projektdefinition:** Viele Bauherren schreiben ein Generalplanermandat aus, ohne die Projektziele klar definiert zu haben (siehe auch Seite 79). Wer eine Offerte einreichen will, muss also zuerst einen Teil der Hausaufgaben der Bauherrschaft machen, was einen unnötig hohen Aufwand mit sich bringt. Die 2020 neu geschaffene Verständigungsnorm SIA 101 (Ordnung für Leistungen der Bauherren) zeigt, welche Aufgaben und Vorarbeiten durch die Bauherrschaft zu leisten sind.

- **Auftragsanalysen:** In vielen Ausschreibungen wird vom Generalplaner eine Auftragsanalyse verlangt. Deren Umfang ist oft erheblich, sie entspricht teilweise fast einem Vorprojekt.
- **Referenzen:** Die Verantwortung eines Generalplaners im Planungs- und Bauprozess ist gross. Daher wollen sich die Bauherren absichern und verlangen umfangreiche Referenzen sowohl vom Unternehmen selbst als auch von den Schlüsselpersonen, die später das Projekt führen sollen.
- **Öffentliches Beschaffungswesen:** Das Anfang 2021 in Kraft getretene überarbeitete Bundesgesetz über das öffentliche Beschaffungswesen (BöB) stellt neu die Qualität ins Zentrum. Bei der Vergabe von Generalplanermandaten durch die öffentliche Hand stehen Eignungskriterien wie die Schlüsselperson, die Leistungsfähigkeit des Teams und die grundsätzliche Eignung des Anbieters im Vordergrund. Die entsprechenden Angaben müssen von den Anbietern von Generalplanerleistungen in aufwendig zu erstellenden Dossiers zusammengestellt werden.

Die von privaten und öffentlichen Bauherren geforderten Referenzen führen zu einer Einschränkung des Wettbewerbs. Einerseits haben es neu am Markt auftretende Generalplaner mangels Referenzen schwer, an Aufträge zu kommen. Andererseits bringt die Fokussierung der Auftraggeber auf Schlüsselpersonen die Unternehmen in die Bredouille, sind doch die infrage kommenden Fachleute rasch durch laufende Offerten blockiert. Deshalb bleibt oft nur eines: junge Leute ab Hochschulen direkt ausbilden. Wichtig ist, dass diese die richtigen Grundvoraussetzungen mitbringen. Dazu gehört vor allem das «Macher-Gen», also die Fähigkeit, Projekte mit Engagement umzusetzen..

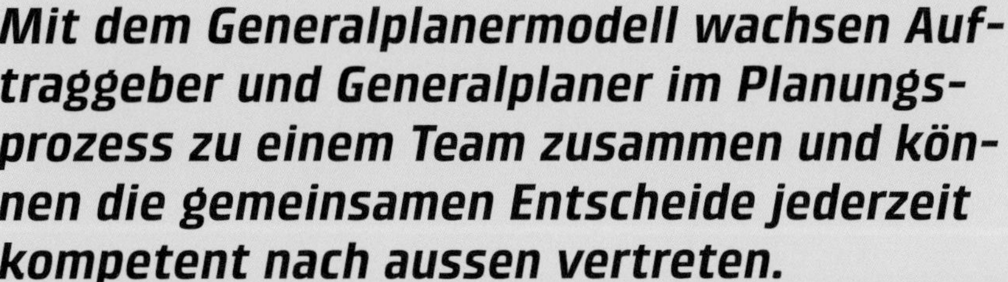

Mit dem Generalplanermodell wachsen Auftraggeber und Generalplaner im Planungsprozess zu einem Team zusammen und können die gemeinsamen Entscheide jederzeit kompetent nach aussen vertreten.

Michael Bächle, Mitglied der Geschäftsleitung und Bereichsleiter Umbau, Allco AG, Zürich

E.2 Bauablauf

[Summary]

Die klassische Einteilung eines Bauprojekts in Phasen gemäss SIA 102 gilt auch für den Generalplaner. Die Praxis zeigt aber, dass sich der tatsächliche Aufwand anders verteilt. Alternative Modelle, etwa geschickt gestaffelte Zahlungspläne oder pauschale Honorare, bieten Lösungsmöglichkeiten. Wichtig ist zudem von Beginn weg eine klare Abmachung über den Umfang der zu leistenden Arbeiten: Ist der Generalplaner für alle Phasen bis und mit Fertigstellung des Bauwerks zuständig, wird später ein bisher unbeteiligter General- respektive Totalunternehmer beigezogen oder wird das Generalplanermodell vor der Ausführung in ein Gesamtleistermodell überführt?

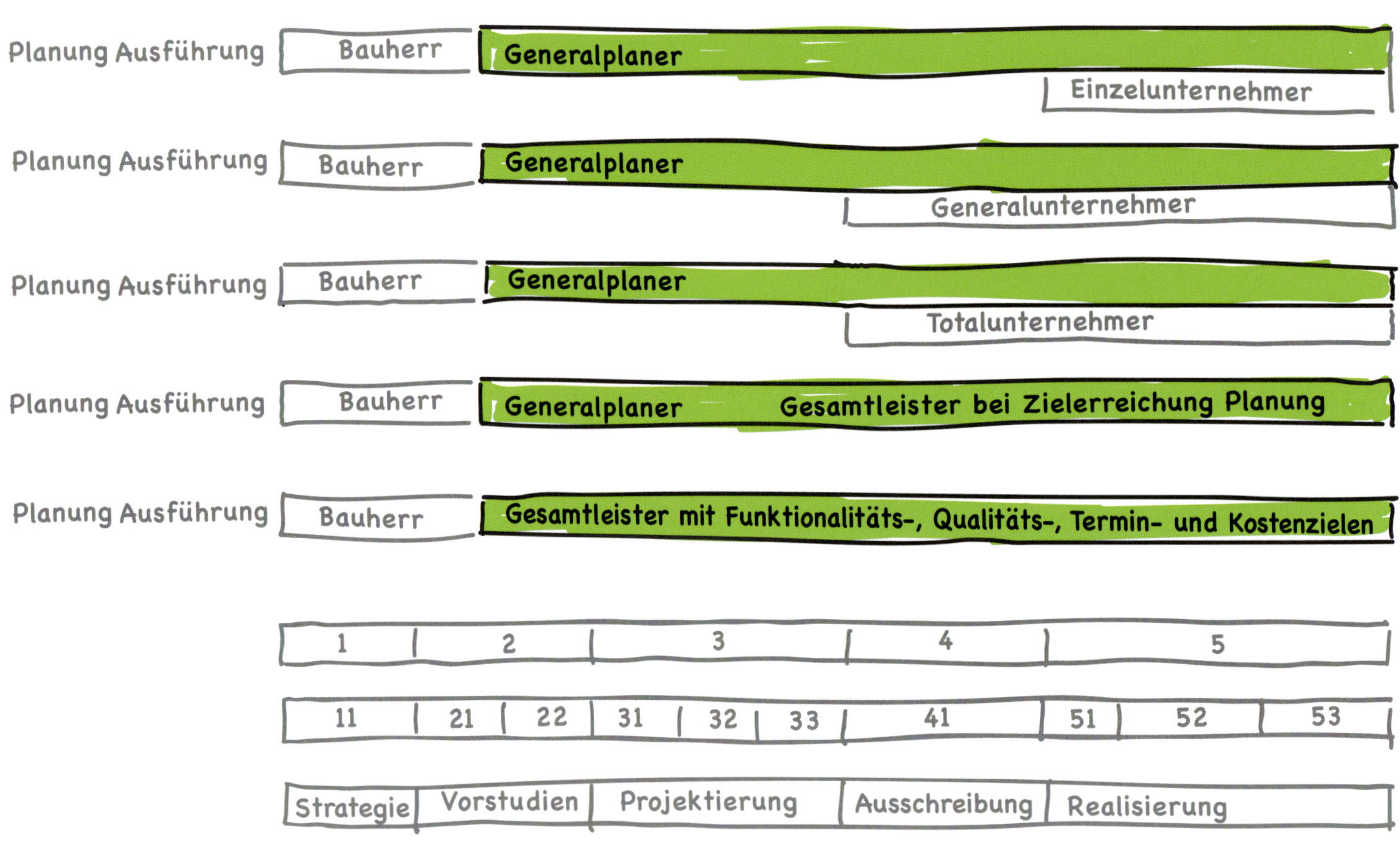

Grafik 25

Die Arbeit des Generalplaners beginnt in Phase 21 oder 31.

Zukunft

Sicherheit statt starre Phasen

Das Phasenmodell des SIA (siehe Grafik 25) ist heute schon überholt und wird in absehbarer Zeit ganz an Bedeutung verlieren. Aktuell läuft bereits die Transformation zu einem Modell, bei dem die zeitlichen Phasen durch Sicherheiten abgelöst werden:

- Businesssicherheit
- Projektsicherheit
- Rechtssicherheit
- Produktionssicherheit
- Inbetriebnahmesicherheit
- Betriebssicherheit

Einbindung in die Planungsphasen

Im Rahmen der 2014 erfolgten Revision der SIA-Ordnungen 102, 103, 105, 108 und 112 wurden auch die Phasen für den Planungs- und Bauablauf harmonisiert. Festgelegt sind nun sechs Haupt- und 13 Teilphasen. Im gleichen Zug hat der SIA die Bezeichnungen der Projektbeteiligten, ihre Aufgaben, die Führungsinstrumente sowie die Unterteilung des Bauvorhabens neu definiert.

Wann die Arbeit des Generalplaners startet, hängt vom einzelnen Projekt ab. Sie kann alle Phasen von 21 bis 53 umfassen, aber auch erst in der Phase 31 beginnen oder mit Phase 51 enden. Dies kann dann der Fall sein, wenn ein Totalunternehmer (siehe Seite 140) mit der Realisierung beauftragt wird (siehe Grafik 25).

Heikle Planungspakete

Oft ist der Aufwand in den frühen Vertragsphasen höher als nach dem Prozessmodell des SIA vorgesehen, später fällt er dann tiefer aus (siehe Grafik 26, Seite 130). Das hat zwei Hauptgründe:

- **Digitale Planung:** Durch moderne CAD-Systeme oder die Nutzung von BIM werden viele Details eines Bauwerks heute bereits wesentlich früher festgelegt, als dies im klassischen Planungsablauf vorgesehen ist. Wird ein Generalplaner über alle Phasen hinweg beauftragt, ist dies kein Problem. Betrifft sein Auftrag hingegen nur einen Teil der Phasen, leistet er in manchen Bereichen Vorarbeit, deren Entschädigung erst in späteren Phasen vorgesehen ist.
- **Fachplaner:** Oft werden die Fachplaner heute wegen der Komplexität der Projekte schon früher beigezogen, als dies im Phasenmodell des SIA vorgesehen ist. Läuft der Vertrag für die Planung dann nur über einen Teil der Phasen – etwa weil das Projekt an einen Totalunternehmer übergeht –, fehlen den Planern unter Umständen Honoraranteile, für die sie bereits Arbeit geleistet haben. Deshalb muss das Phasenmodell des SIA bei künftigen Überarbeitungen kritisch hinterfragt werden.

Um Honorarlücken zu vermeiden, sollte ein Generalplaner bestrebt sein, möglichst über alle Phasen (21–53) hinweg beauftragt zu werden. Eine Variante ist die Aushandlung des Honorars basierend auf der Abschätzung des Aufwands (siehe Seite 112).

Das Phasenmodell des SIA bildet nicht mehr in jedem Fall die Realität ab.

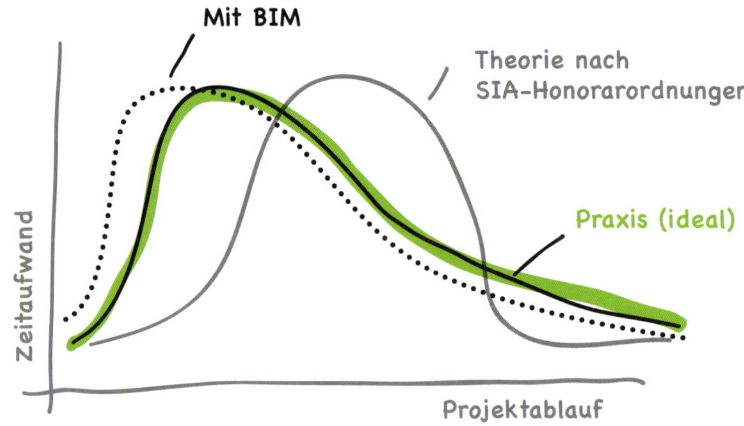

Grafik 26

In frühen Projektphasen ist der Zeitaufwand höher als gemäss SIA vorgesehen.

Best Practice

Gestalten Sie die Phasen überlappend

In der Theorie würden die Phasen gemäss SIA seriell ablaufen. In der Praxis hingegen kommt es zu Parallelitäten. Berücksichtigen Sie dies auch bei der Vereinbarung des Zahlungsplans mit Ihrem Auftraggeber. Dadurch können Sie Honorare, die eigentlich erst später eingeplant wären, schon zu einem früheren Zeitpunkt geltend machen.

Risikooptimierung versus Phasen

Viele Bauherrschaften versuchen den Aufwand für die Planung eines Projekts vor der Baubewilligung möglichst klein zu halten. Das führt ebenfalls zu einer Verschiebung der Arbeit innerhalb der Phasen und zu Differenzen bei der Honorierung. Bis zur Baueingabe muss mit minimalem Aufwand gearbeitet werden, dafür besteht danach ein grosser Nachholbedarf.

Zukunft

Phasen werden aufgebrochen
Das Phasenmodell des SIA gerät immer mehr unter Druck. Schon heute bildet es oft nicht mehr die Realität ab. Bei Projekten, die beispielsweise mit BIM erarbeitet werden, werden aktuell bereits in frühen Phasen wesentlich umfassendere Leistungen erbracht. Diese Entwicklung wird sich im Rahmen neuer Zusammenarbeitsmodelle (siehe Seite 162) noch akzentuieren. Entsprechend muss der Projektablauf künftig neu strukturiert und parallel dazu auch die Honorierung der Planer angepasst werden.

Neue Geschäftsmodelle

Die immer stärkere Konzentrierung der Planungsarbeit in frühen Phasen des Projekts – beispielsweise durch die Nutzung von BIM – eröffnet neue Geschäftsmodelle. Diese können auch für Generalplaner interessant sein (siehe Grafik 27). Wer beispielsweise frühzeitig mit einem bewährten Team aus Planern bereitsteht und gewillt ist, eng mit Schlüsselpersonen der ausführenden Unternehmen zusammenzuarbeiten, kann bereits in einer frühen Phase alle für die Bauherrschaft nützlichen Informationen bereitstellen. Voraussetzung dafür ist aber, dass zu Beginn mit dem Auftraggeber zusammen festgelegt wird, welche Performancekriterien für eine erfolgreiche Realisierung des Projekts relevant sind. So lässt sich sicherstellen, dass im Rahmen der Planung nicht Daten und Informationen bereitgestellt werden, für die gar keine Verwendung besteht. Umgekehrt ist es auch wichtig, dass der Auftraggeber eine solche Vorarbeit, die für ihn einen hohen Wert hat, entsprechend honoriert.

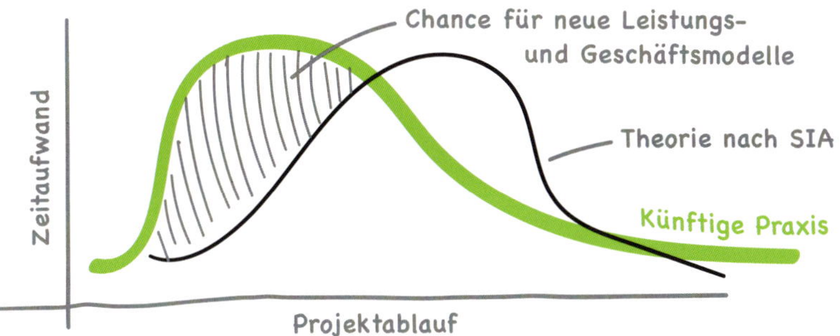

Grafik 27
Neue Leistungs- und Geschäftsmodelle ermöglichen es dem Generalplaner, bereits früh im Planungsprozess wichtige Informationen für seine Auftraggeber bereitzustellen.

E.3 Der Mensch im Mittelpunkt

[Summary]

Die richtigen Köpfe im Team sind unabdingbar für den Erfolg des Generalplanermodells. Dabei sind nicht nur fachlich versierte Teammitglieder gefragt, sondern auch ein GP-Lead, der als Zugpferd und Motivator vorangeht. Zudem sollten alle Beteiligten bei ihrem Handeln immer den Erfolg des ganzen Projekts im Auge haben.

Vertrauen und Transparenz

Ein Projekt kann nur so gut sein wie die Menschen, die dahinterstehen – das gilt auch für die Planung eines Bauvorhabens mit einem Generalplaner. Entsprechend wichtig sind die Köpfe im Team. Damit diese ihr Potenzial ausschöpfen können, sollte man folgende Punkte nicht aus den Augen verlieren:

- **Vertrauensverhältnis:** Ein gutes Vertrauensverhältnis unter den Teammitgliedern wie auch zwischen dem Bauherrn und dem Generalplaner schafft den Boden für ein offenes Miteinander. In einem solchen Umfeld kann man auch Fehler zugeben und Probleme frühzeitig ansprechen. Ein gutes Vertrauensverhältnis stellt sich aber nicht von selbst ein. Es muss erarbeitet werden und erfordert von allen Beteiligten die nötige Offenheit und ein gemeinsames Verständnis darüber, wann ein Ziel erreicht ist.
- **Wissenstransfer und -management:** Die Arbeit im Planerteam ist nichts für Einzelkämpfer. Was zählt, ist die Teamleistung. Dazu gehört auch der Wissenstransfer zwischen den Fachplanern und das Wissensmanagement mit dem Ziel, die beste Lösung für das Projekt zu finden.
- **Querdenken:** Die enge Zusammenarbeit von Fachleuten verschiedener Disziplinen eröffnet die Möglichkeit, neue, innovative Lösungen zu entwickeln. Dazu müssen aber alle Beteiligten die eingefahrenen Gleise auch einmal verlassen.
- **Leadership:** Das Managen des Teams allein genügt beim Generalplanermodell nicht. Gefragt sind für den GP-Lead Personen, die vorangehen, den Teamgeist vorleben und ihre Leadershipfunktion sowie die Gesamtverantwortung (siehe Seite 42) wahrnehmen. Der GP-Lead muss zudem mit Spannungen im Team umgehen können und so lange dranbleiben, bis die Ursache dafür behoben ist.
- **Fehlerkultur:** Ein offener Umfang mit Fehlern ist die beste Basis, um schnell Lösungen zu finden mit dem Ziel, das Gesamtprojekt nicht zu gefährden.
- **Schnittstellen:** Der Generalplaner ist auf klar definierte Schnittstellen im Organigramm angewiesen. Dabei geht es vor allem um den Austausch zwischen ihm und dem Auftraggeber sowie den Mietern/Nutzerinnen des Bauwerks.

Bauherr

Prüfen Sie die Qualität

Der Billigste ist meist nicht der Beste – diese Regel gilt auch für die Wahl des Generalplaners. Prüfen Sie deshalb sorgfältig, wen Sie beauftragen: Haben Sie einen guten Draht zum GP-Lead? Installiert und betreibt er ein Projektqualitätsmanagement (siehe Seite 115)? Welche Referenzen bringen er und seine Planer mit? Wie funktioniert die Zusammenarbeit zwischen dem GP-Lead und den Planern? Hat er eine Affinität zu Themen, die Ihnen wichtig sind – beispielsweise zu nachhaltiger Architektur oder hohen energetischen Standards? Mit der sorgfältigen Wahl Ihres Gegenübers legen Sie eine gute Basis für ein erfolgreiches Projekt.

Zukunft

BIM – Zuständigkeiten sauber klären

Für einen Teil der an der Planung und am Bau Beteiligten ist BIM schon Alltag, für das Gros der anderen Zukunftsmusik. Wer als Generalplaner in ein Projekt involviert ist, bei dem BIM zur Anwendung kommt, sollte die Zuständigkeiten früh und klar regeln. Wer innerhalb des Generalplaners ist für BIM zuständig? Wer kontrolliert das BIM-Modell? Gibt es einen BIM-Manager und wer honoriert ihn? Werden diese Punkte nicht vor Beginn der Planungsarbeiten geklärt, entstehen Lücken und Spannungen, die zu grossen Diskussionen führen können. Ein Hilfsmittel zur Klärung der Fragen ist das SIA-Merkblatt 2051 «Building Information Modeling (BIM)».

Wünsche an die Stakeholder

Damit das Modell des Generalplaners für alle Stakeholder zu einem Erfolg wird, müssen sie die passenden Voraussetzungen mitbringen und die an sie gestellten Anforderungen erfüllen. Dabei geht es insbesondere um:

- **Bauherrschaft:** Als Bauherr sollte man sich vorab mit den Besonderheiten des Generalplanermodells auseinandersetzen und prüfen, ob es für die Bauaufgabe und mit Blick auf die eigene Organisation die passende Lösung darstellt. Wichtig ist insbesondere, dass der GP-Lead aufseiten der Bauherrschaft ein Gegenüber mit den nötigen Kompetenzen hat.
- **Planer:** Aufseiten der Planer braucht es maximale Transparenz sowie die Bereitschaft, Probleme anzupacken, zu lösen und sich auch für die Lösung von Problemen zu engagieren, die nicht im eigenen Verantwortungsbereich liegen, aber für den gesamten Projektverlauf entscheidend sind. Zudem sollten die Fachplaner ihr traditionelles Geschäftsmodell überdenken, das nach wie vor auf der Verrechnung von Mehrleistungen und Überzeit beruht. Gefragt sind mehr Weitsicht und die Bereitschaft, sich auch ohne Blick auf die Uhr zu engagieren.
- **Unternehmer:** Beim traditionellen Planungsablauf fliesst das Know-how der Unternehmer erst spät in die Planung ein. Hier wäre eine Systemänderung wünschenswert, sodass die wichtigsten ausführenden Unternehmer frühzeitig eingebunden werden können – mit dem Ziel, die optimale Lösung für ein Projekt zu finden. Auch die Unternehmer sollten – ähnlich wie die Fachplaner – ihren Fokus weniger auf das Verrechnen von Nachträgen richten und ihre Energie besser in neue Projekte investieren.

E
3

Technik ist nur ein Werkzeug

In der Baubranche herrscht die Meinung vor, alles lasse sich mit Technik lösen. Stimmt nicht! Im Zentrum stehen die Menschen. Sie erarbeiten die Lösungen, die Technik ist nur das Werkzeug dazu.

E.4 Organisationsformen für die Ausführung

[Summary]

Einzelvergabe, Werkgruppe oder Generalunternehmer? Das Modell des Generalplaners lässt sich in der Ausführungsphase grundsätzlich mit allen drei Varianten kombinieren. Wichtig ist zum einen, dass der Entscheid für das Ausführungsmodell frühzeitig fällt und der Übergang sauber geplant wird. Zum andern muss dasjenige Modell gewählt werden, das am besten zu den Ansprüchen der Bauherrschaft passt. Soll die Ausführung mit einem Totalunternehmer erfolgen, ist ein Grundsatzentscheid nötig: Bleibt der Generalplaner auf der Seite des Bauherrn oder wechselt er zum Totalunternehmer?

Generalplaner und … ?

Spätestens nach der Erarbeitung des Bauprojekts (SIA Phase 32) entscheidet sich die Art der Ausführung: Wird das Projekt mit Einzelvergaben an die verschiedenen Handwerker oder in Zusammenarbeit mit Werkgruppen realisiert? Wird ein Generalunternehmer beigezogen? Grundsätzlich lässt sich das Modell des Generalplaners mit allen Formen der Ausführung kombinieren. Für einen optimalen Übergang von der Planungs- zur Ausführungsphase ist es aber wichtig, früh zu klären, welcher Weg eingeschlagen wird und wer wofür zuständig ist.

Generalplaner und Einzelleistungsmodell

Die Kombination von Generalplaner und Einzelvergabe der Bauleistungen an verschiedene Unternehmer ist ein sehr bewährtes Modell, das in der Regel eine gute Ausführungsqualität zu fairen Preisen erzielt (siehe Grafik 28). Dabei kann der Generalplaner seine Stärke voll ausspielen, indem er frühzeitig ein detailliertes Ausschreibungskonzept festlegt. Dieses umfasst folgende Punkte:

- Wer schreibt aus?
- Wie wird ausgeschrieben (Einladung, Submissionsplattform etc.)?
- Wer führt die Verhandlungen?
- Nach welchen Kriterien werden die Unternehmer ausgewählt?
- Wer bestimmt schliesslich die Unternehmer?
- Wie sieht der Terminplan für die Submission aus?

Generalplaner und Werkgruppe

Analog zur Zusammenarbeit zwischen Generalplaner und Generalunternehmer funktioniert auch diejenige mit Werkgruppen, die ganze Bauteile, zum Beispiel die Hülle, offerieren (siehe Grafik 29, Seite 141).

Best Practice

Vereinbaren Sie ein separates Honorar

Die Ausschreibung für einen Totalunternehmer erfolgt sowohl in Phase 33 als auch 41 gemäss SIA. Sie ist im Leistungskatalog des SIA aber nicht vorgesehen. Deshalb müssen Sie die Honorierung dafür mit Ihrem Bauherrn separat vereinbaren. Klären Sie zudem frühzeitig, in welcher Phase die Ausschreibung erfolgen soll, und zeigen Sie dem Bauherrn die Kostenfolgen auf. Die Erfahrung zeigt: Bei einer Totalunternehmerausschreibung bereits in Phase 33 fällt der Aufwand um bis zu zwei Drittel tiefer aus, als wenn bis zur Phase 41 gewartet wird. Die Umsetzung erst in Phase 41 trägt zur heute meist strikten Trennung von Planung und Ausführung bei.

Generalplaner und Generalunternehmer

Die Kombination der beiden «Generäle» ist ebenfalls ein häufig anzutreffendes Modell (siehe Grafik 29, Seite 141). Dabei bleiben Planung und Projektleitung analog zur Einzelvergabe bis zum Bauabschluss in den Händen des Generalplaners. Er schreibt die Leistungen aus und entscheidet zusammen mit dem Bauherrn über die Vergabe. In der Regel übernimmt der Generalplaner die Bauleitung auf Bauherrenseite und trägt die Kostenverantwortung. Für den Generalunternehmer ist dieses Modell nicht uninteressant, hat er doch aufseiten der Planer nur einen Ansprechpartner, was die Abwicklung vereinfacht.

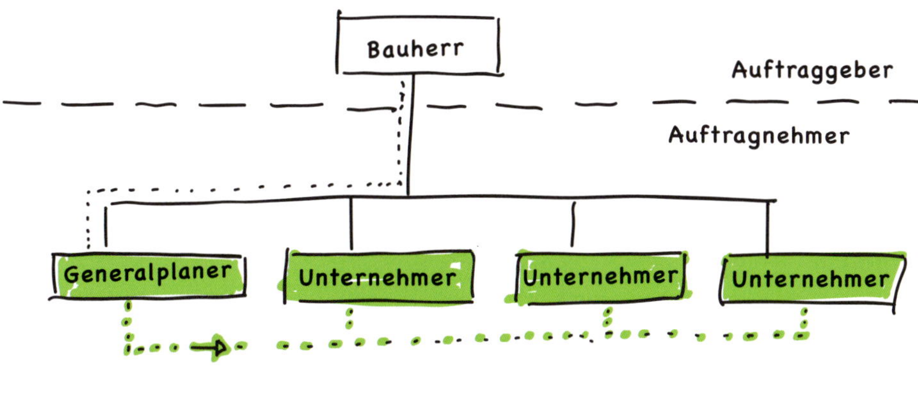

Grafik 28
Gute Kombination: Generalplaner und Einzelleistungsmodell.

E
4

Ein Generalplaner lässt sich mit verschiedenen Ausführungsmodellen kombinieren.

Generalplaner und Totalunternehmer

Die Kombination von Generalplaner und Totalunternehmer ist in der Praxis ebenfalls anzutreffen. Sie erfordert aber einen wichtigen Grundsatzentscheid: Bleibt der Generalplaner als Treuhänder der Bauherrschaft auf deren Seite oder wechselt er zum Totalunternehmer? Wird die erste Variante gewählt, arbeitet der Totalunternehmer mit einem eigenen Planerteam. Die weitere Beauftragung des Generalplaners, etwa für die gestalterische Leitung, erfolgt dann separat und direkt durch den Bauherrn. Wechselt der Generalplaner hingegen zum Totalunternehmer, muss die Bauherrschaft sich neue Partner suchen, etwa einen Bauherrenberater, um die Qualität der Ausführung sicherzustellen.

Generalplaner + Totalunternehmer = Gesamtleister

Gesamtleister sind eine noch relativ junge Erscheinung auf dem Markt für Baudienstleistungen. Der Gesamtleister ist eine Kombination von Generalplaner und Totalunternehmer, indem ein Generalplaner im Rahmen der Ausführung auch die Leistung eines Totalunternehmers anbietet oder ein Totalunternehmer in der vorgelagerten Phase zunächst die Generalplanerfunktion innehat. Dabei gibt es grundsätzlich zwei Modelle (siehe Grafik 25, Seite 128). Im ersten beschränkt der Bauherr den Auftrag zuerst auf die Generalplanerleistung. Erfüllt der Generalplaner die vorgegebenen Ziele bis zur Baureife, schliesst der Bauherr mit ihm für die Ausführung einen Gesamtleistungsvertrag ab. Eine zweite Möglichkeit ist die direkte Beauftragung eines Gesamtleisters durch die Bauherrschaft für Planung und Ausführung von Beginn weg. In diesem Fall ist das Zusammenarbeitsmodell mit Werkgruppen für Planung und Ausführung einfach umsetzbar.

Bauherr

Wägen Sie gut ab

Wenn Sie die Vergabe der Ausführung an einen Totalunternehmer ins Auge fassen, müssen Sie einen Grundsatzentscheid fällen: Behalten Sie den Generalplaner auf Ihrer Seite und beauftragen Sie ihn mit der Überwachung? Oder soll er dem Totalunternehmer unterstellt werden? Entscheiden Sie sich für die zweite Variante, verlieren Sie mit dem Generalplaner Ihren Treuhänder. Dann brauchen Sie unbedingt eine neue Fachperson, die für Sie die Ausführungsqualität überwacht, beispielsweise einen Bauherrenberater. Wägen Sie die Vor- und Nachteile beider Varianten gut gegeneinander ab.

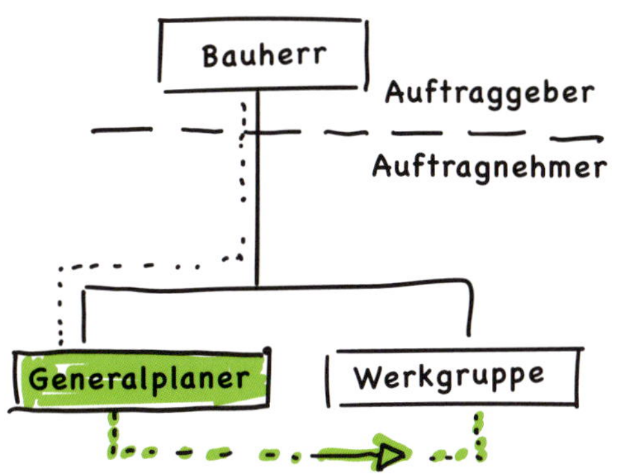

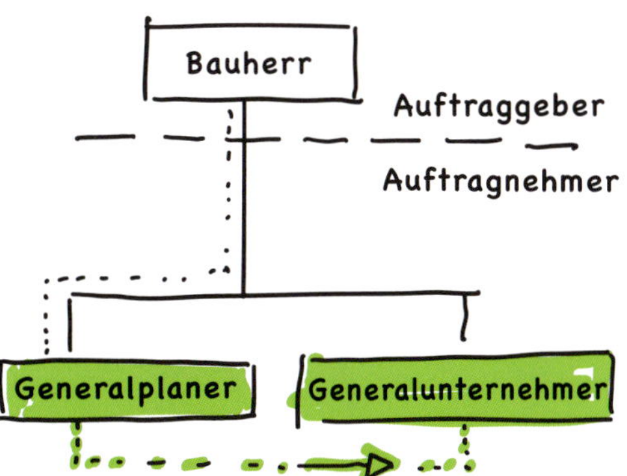

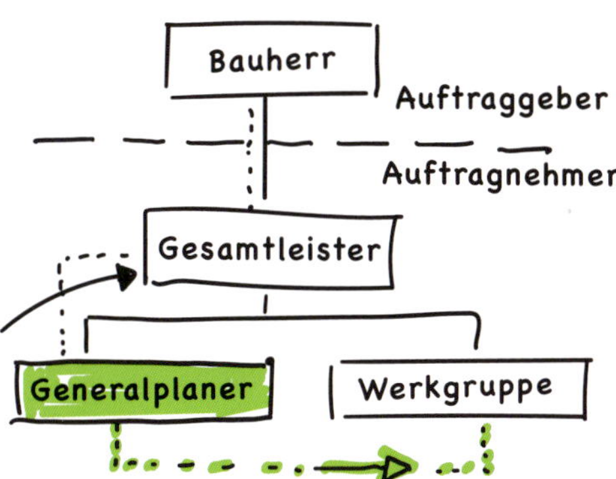

Grafik 29

Gute Kombinationen: Generalplaner und mehrere Werkgruppen, Generalplaner und Generalunternehmer sowie Generalplaner und Gesamtleister.

wo

hin?

Wandel, Treiber, Diskussion

F

F.1 Kommende Herausforderungen

[Summary]

Erhöhung der Produktivität, Etablierung einer Kreislaufwirtschaft, Dekarbonisierung, gesellschaftlicher Wandel, verstärkte Fokussierung auf Nutzerbedürfnisse, Neuausrichtung der Ausbildung von Fachkräften sowie Paradigmenwechsel im Beschaffungs- und Wettbewerbswesen – die Bau- und Immobilienbranche wie auch die Generalplaner stehen in den nächsten Jahren vor grossen Herausforderungen. Die heute gängigen Formen des Planens und Bauens, die sich seit Jahrzehnten nur wenig verändert haben, wie auch die zugehörigen Prozesse liefern keine oder nur ungenügende Antworten. Deshalb hat die Branche keine andere Chance, als neue Ansätze für die Lösung der anstehenden Probleme zu finden – vor diesem Hintergrund werden auch die Generalplaner ihre Rolle justieren müssen.

Es ist Zeit für einen Wandel

Die Planungs-, Bau- und Immobilienbranche hat nicht den besten Ruf. Die aktuellen Modelle der Auftragsabwicklung verursachen sowohl bei den Auftraggebern als auch bei den Planern und Ausführenden Friktionen und Frustrationen. Zudem liefern sie kaum Antworten auf die bereits vor der Tür stehenden Herausforderungen. Die Branche braucht deshalb dringend einen Imagewandel. Dieser muss unbedingt auch aktuelle Treiber, etwa die Umweltproblematik oder gesellschaftliche Veränderungen, berücksichtigen (siehe Grafik 30). Damit der Imagewandel und die Ausrichtung auf künftige Herausforderungen klappen, müssen alle Beteiligten bereit sein, angestammte Wege zu verlassen und aktiv neue Formen der Zusammenarbeit zu suchen.

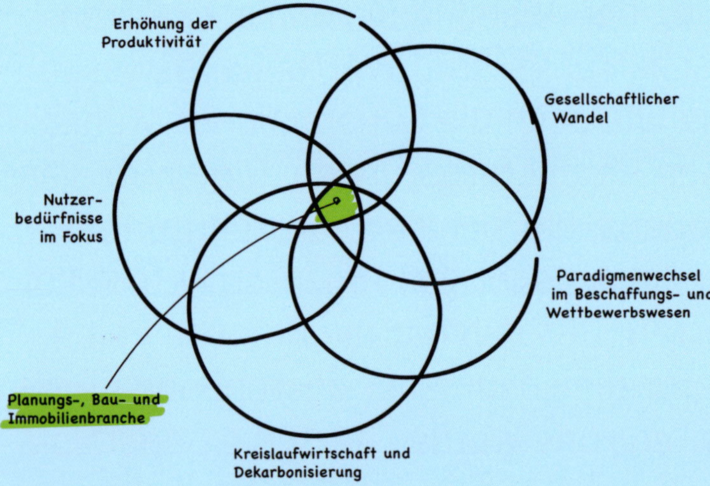

Grafik 30
Kommende Herausforderungen für die Immobilien-, Planungs- und Baubranche.

Erhöhung der Produktivität

Kleine Margen, hohe Fluktuation, Leerläufe, aufwendige Einzelanfertigungen, viel Handarbeit, harter Kampf um Preise und Honorare, Lieferschwierigkeiten, Flachrennen statt Innovation – eigentlich wäre die Planungs- und Baubranche aufgrund ihrer schlechten Produktivität ein Sanierungsfall. Doch sie wurstelt sich seit Jahrzehnten durch. Und dort, wo es Innovationen gibt, werden diese oft durch den unerbittlichen Preisdruck der weniger kreativen Anbieter unterlaufen und versanden irgendwann wieder. Bei dieser Ausgangslage bleibt die Qualität immer häufiger auf der Strecke, die Branche ist für künftige Herausforderungen schlecht gewappnet. Der Bundesrat hat im Rahmen der Strategie «Digitale Schweiz» das Ziel gesetzt, die Produktivität der Schweizer Baubranche entlang der gesamten Wertschöpfungskette sicherzustellen und zu steigern – sowohl im Interesse der öffentlichen Bauherrschaften als auch des gesamten Wirtschaftsstandorts. Deshalb braucht es über alle Bereiche hinweg eine neue Denkkultur, neue Modelle der Zusammenarbeit, innovative Planungs- und Bauprozesse, industrielle und von der Wertschöpfung geprägte Fertigungsprozesse, eine Systematisierung und Standardisierung des Bauens sowie neue Formen der Bestellung, dies alles verbunden mit einem entsprechenden Paradigmenwechsel.

Kreislaufwirtschaft und Dekarbonisierung

Die Rohstoffe für den Bau von Häusern werden knapper, gleichzeitig steigt der Bedarf nach Wohnraum und die Bautätigkeit nimmt weltweit zu. So ist etwa für die Betonproduktion geeigneter Sand heute in verschiedenen Ländern schon Mangelware, und auch in der Schweiz stösst der Abbau von Kies und Sand in einigen Regionen an Grenzen. Ausserdem fallen gemäss Erhebungen des Bundesamts für Umwelt durch den Bauboom allein in der Schweiz jährlich 74 Millionen Tonnen Bauabfälle an – ein Grossteil davon aus dem Rückbau bestehender Gebäude. Insgesamt macht das Volumen der Bauabfälle 84 Prozent der gesamten hiesigen Abfallmenge aus. Kommt hinzu, dass der Abbruch bestehender Gebäude, das Recycling der Materialien, aber auch die Erstellung von neuen Gebäuden sehr energie- und ressourcenintensiv und mit einem hohen CO_2-Ausstoss verbunden sind. Nachhaltiges Bauen erfordert deshalb ein Umdenken. Neue Gebäude müssen beispielsweise von Beginn weg so geplant werden, dass die verwendeten Materialien später problemlos wieder gebraucht werden können – Stichwort: Design for Disassembly – oder dass Baustoffe aus Altmaterialien zum Einsatz kommen – Stichwort: Upcycling.

Ein weiteres Augenmerk gilt der Betriebsenergie: Die wichtigsten Treiber von CO_2-Emissionen sind der Energiebedarf des heutigen, energetisch schlechten Gebäudebestands und die Mobilität – sie tragen gemäss Bundesamt für Umwelt 24 respektive 32 Prozent an den Gesamtausstoss des Treibhausgases bei. Die Bereitstellung von Wohnraum an gut erschlossener Lage in den Zentren, verbunden mit einer energetischen Bestandserneuerung und Innenverdichtung, ist die wirkungsvollste Klimaschutzmassnahme.

Klimagerechtes Bauen ist ein Gebot der Stunde – dazu braucht es Gebäudekonzepte, die im Bau weniger Ressourcen beanspruchen, in der Nutzungsphase weniger Lebenszykluskosten und CO_2-Emissionen verursachen, sich einfach an veränderte Bedürfnisse anpassen lassen und so eine lange Lebensdauer aufweisen. Nicht zuletzt müssen die in den bestehenden Gebäuden enthaltenen Materialien – hierzulande aktuell rund drei Milliarden Tonnen – bei einem Rückbau möglichst wiederverwendet werden. Denn die Altbauten von heute sind – gerade angesichts knapper werdender Ressourcen – die wertvollen Rohstoffe von morgen. Die Natur macht es vor: Dort sind Abfälle nicht Abfälle, sondern Rohstoffe.

Gesellschaftlicher Wandel

Die zunehmende Anziehungskraft der urbanen Zentren seit der Jahrtausendwende bietet an und für sich ein riesiges ökologisches, gesellschaftliches und wirtschaftliches Potenzial. Allerdings führen stetig steigende Miet- und Eigentumspreise im Wohnungsmarkt zur Verdrängung von bezahlbarem Wohnraum. Die Bevölkerung wehrt sich immer stärker gegen Projekte mit baulicher und nutzungsmässiger Verdichtung im städtischen Raum. Das Bewilligungsverfahren für eine ambitionierte Zentrumsentwicklung ist deshalb oft ein Spiessrutenlauf.

Investitionen werden zurückgestellt oder es stehen wegen des zunehmenden Entwicklungsrisikos vor allem Regelbauprojekte im Vordergrund. Die Folge: weniger Dekarbonisierung, weniger Wohnraum, weniger städtebauliche Qualität. Bauherrschaften, Planende und Ausführende müssen deshalb ihre Arbeit künftig konsequent auf die gesellschaftlichen Entwicklungen ausrichten. Es gilt, Städte, Quartiere sowie Gebäude so zu planen und zu realisieren, dass sie Antworten auf die gesellschaftlichen Herausforderungen liefern. Ein Thema, das durch die Coronapandemie noch befeuert wurde. Denn diese hat gezeigt, dass gerade Wohnungen künftig wesentlich weitergehende Anforderungen werden erfüllen müssen. Sie sind vermehrt Rückzugsort, Erholungsort und Teilzeitarbeitsplatz.

Bedürfnisse der Nutzenden im Fokus

Die eigentlichen «Kunden» der Bauindustrie sind die späteren Nutzerinnen und Nutzer der Gebäude, der öffentlichen Freiräume und der Infrastrukturen. Sehr oft hat die Planungs- und Baubranche aber keinen direkten Kontakt zu den Nutzenden als Endkunden. Architektur ist deshalb heute oft immer noch Selbstzweck. Die Gestaltung eines Gebäudes wird viel zu häufig höher gewichtet als die Bedürfnisse der Nutzenden. So hat beispielsweise in Architekturwettbewerben die gestalterische Skulptur meist einen wesentlich höheren Stellenwert als die Ökonomie und die Nutzbarkeit eines Gebäudes oder die Steigerung der Aufenthaltsqualität im öffentlichen Raum. Dazu kommt eine Flut von immer neuen Regulierungen und Normierungen unter dem Diktat von Spezialisten und Technokraten. Häufig ist die Aussicht einzelner Teilmärkte auf Zusatzumsätze der Treiber dahinter. Mit dem Effekt, dass die Gebäude für die Nutzenden kontinuierlich teurer und komplexer werden – auch über den ganzen Lebenszyklus hinweg. Planungs- und Bauprozesse müssen deshalb in Zukunft so ausgerichtet werden, dass sie die Anforderungen der Nutzenden optimal erfüllen und dass die Lebenszykluskosten – letztlich zugunsten der Nutzenden – und unter anderem die CO_2-Emissionen – zugunsten der ganzen Gesellschaft – minimiert werden. Dabei darf die Qualität der Architektur nicht aussen vor bleiben, denn sie erfüllt in jeder Beziehung ein wichtiges Bedürfnis.

Paradigmenwechsel im Beschaffungs- und Wettbewerbswesen

In Bezug auf die Beschaffung sind in der Baubranche derzeit regulatorisch drei epochale Entwicklungen im Gang:

- Zum Ersten hat die schweizerische Wettbewerbskommission im September 2017 kommuniziert, dass sie die Leistungs- und Honorarordnungen des SIA (LHO) untersucht habe und dass diese kartellrechtlich problematisch seien. Unter der Drohung hoher Bussen hat der SIA deshalb die LHO abgesetzt. Die LHO waren in der Vergangenheit eine der Grundfesten der Prozesse in der Baubranche, sie waren ausgerichtet auf die seriellen Prozesse im Rahmen des SIA-Leistungsmodells. Die Entwicklung eines neuen, innovationsfördernden Leistungs- und Honorarmodells – jedoch nicht einer neuen «Ordnung» – hat deshalb nicht nur für den SIA eine zentrale Bedeutung. Ausschlaggebend wird sein, dass sich das neue Modell erstens nicht mehr wie bis anhin an den Baukosten orientiert und zweitens die Notwendigkeit von integrierten Prozessen in Planung und Ausführung antizipiert. Da die LHO ein Kernelement des SIA-Projektwettbewerbs sind, wird auch dieser im Kontext der neuen Anforderungen und Entwicklungen adaptiert werden müssen.

- Zum Zweiten trat am 1. Januar 2021 das neue Bundesgesetz über das öffentliche Beschaffungswesen (BöB) in Kraft, das für alle Beschaffungen des Bundes gilt. Ziel ist es, vom reinen Preiswettbewerb hin zu mehr Innovations- und Qualitätswettbewerb zu kommen. Das BöB stellt neu nicht mehr nur den wirtschaftlichen, sondern auch den volkswirtschaftlichen, ökologischen und sozial nachhaltigen Einsatz der öffentlichen Mittel in den Fokus. Der Zuschlag muss an das «vorteilhafteste» Angebot erfolgen statt wie bisher an das «wirtschaftlich günstigste». Dahinter steht ein echter Paradigmenwechsel. Sollen die Ziele hinter dem Gesetz tatsächlich erreicht werden, wird es nötig sein, im Sinn einer integrierten Planung und Ausführung auszuschreiben. Konkret bedeutet dies, dass künftig insbesondere die Ziele der Bauherrschaft – also die Funktions- und Raumbedürfnisse sowie Wirtschaftlichkeits- und Nachhaltigkeitsanforderungen – ausgeschrieben werden und immer weniger der Weg zur Zielerreichung im Detail vorgegeben wird. Damit spielt der Wettbewerb auf der Innovation, die Bauherrschaft profitiert von einem breiteren integrierten Lösungsspektrum aus Planung und Ausführung und die Anbietenden erhalten klare Differenzierungsmöglichkeiten.

- Ebenfalls seit Januar 2021 schreiben die öffentliche Hand und bundesnahe Betriebe für alle Bauprojekte BIM vor. Damit wird die BIM-Methodik weiteren Auftrieb erhalten, da Kantone und Gemeinden wohl bald nachziehen, ebenso grössere private Auftraggeber, die bisher noch keine entsprechenden Aufträge vergeben haben. Gerade in diesem Kontext ist es erfolgskritisch, dass eine ganzheitliche Methode mit BIM, Lean Construction und IPD (Integrated Project Delivery) auch im Rahmen eines optimalen Projektprozesses eingeführt wird.

WACKER
NEUSON
rental
dualpower

F.2 Lernen von den anderen

[Summary]

Wenn die eigene Branche vor neuen Herausforderungen steht, lohnt sich oft ein Blick über den Zaun auf Unternehmen in ganz anderen Bereichen. Analysiert man deren Prozesse und Lösungsansätze, findet man oft überraschende Inspirationen und profitiert von einem anderen Blickwinkel. Das sollte auch die Bau- und Planungsbranche tun. Apropos: Gibt es eine Maschinenplanungsbranche oder eine Automobilplanungsbranche? In diesen Industrien werden Design, Engineering, Produktion und Service im Betrieb als integrale Einheit betrachtet. Die Bauindustrie wird dagegen immer noch – auch in diesem Buch – in eine Planungs- und eine Baubranche unterteilt, was viel über ihre Struktur aussagt.

Haben Zumtobel und Tesla die Antworten?

Auf den ersten Blick scheint sich die Planungs- und Baubranche stark von der Konsumgüterindustrie zu unterscheiden. Geplant und gefertigt werden fast ausschliesslich Einzelstücke. Und statt ausgeklügelter industrieller Prozesse wie in Hightechfabriken kommt grösstenteils Handarbeit direkt auf der Baustelle zum Einsatz – mittelalterliche Handwerkskunst statt Fertigungsroboter oder Exoskelette. Innovative Vorbilder aus anderen erfolgreichen Branchen werden von den Entscheidungsträgern in der Bauwirtschaft oft rasch vom Tisch gewischt, frei nach dem Motto: «Das lässt sich nicht vergleichen.» Nicht zuletzt deshalb ist die Planungs- und Baubranche stark mit sich selber beschäftigt und sucht – wenn überhaupt – in Eigenregie nach Problemlösungen, statt sich an anderen Vorbildern zu orientieren. Das würde sich aber lohnen, denn schaut man genauer hin, zeigt sich: Die Planungs- und Baubranche mag auf den ersten Blick anders funktionieren als etwa die Automobil- oder die IT-Branche. Doch da wie dort gibt es ineffiziente Strukturen und Abläufe, träge Prozesse, Scheuklappen und ein Beharren auf dem Bestehenden. Die Wege, um aus solchen Kreisläufen auszubrechen, sind daher grundsätzlich dieselben.

Fazit: Erfolgreiche Unternehmer blicken über den Tellerrand, die anderen bleiben stehen. Das gilt auch für die Immobilien-, Planungs- und Baubranche. So ist etwa die integrierte Planung und Ausführung in der Automobilbranche und bei anderen hoch entwickelten Produkten schon lange Standard, in der Bauwelt hingegen kann man die Ansätze dafür an einer Hand abzählen. Welche Vorgehensweisen sich die Branche sonst noch von anderen Bereichen der Planung und Fertigung abschauen könnte, zeigen drei Beispiele.

Integrierte Planung und Ausführung?

Oft werden Probleme isoliert vom Ganzen gelöst. Der Lösungsansatz mag dann zwar für sich allein funktionieren, bekämpft aber meist nur Symptome und hat unter Umständen sogar negative Auswirkungen auf Bereiche ausserhalb des Problems. Dem lässt sich am besten mit einer Gesamtschau begegnen – mit integrierter Planung und Ausführung. Dabei werden alle Teilplanungen sinnvoll miteinander verknüpft und aufeinander abgestimmt mit dem Ziel, ein optimal funktionierendes Ganzes zu erhalten. Allerdings bedeutet dies, dass eine integrierte Planung und Ausführung nur stattfinden kann, wenn auch ausführende Unternehmer frühzeitig an der Erarbeitung des digitalen Zwillings (BIM) mitwirken. Nur so sind eine skalierbare Vorfertigung und eine digitale Logistikkette mit Montage und Roboterisierung auf der Baustelle umsetzbar. Letztlich verspricht eine integrierte Planung, dass dank dem Engineering des digitalen Zwillings der ganze Lebenszyklus des Gebäudes virtuell «durchgespielt», simuliert wird und danach auf das reale Bauwerk sowie dessen Betrieb übertragen werden kann.

Zumtobel – Start-up ausserhalb des Mutterhauses

Je grösser ein Unternehmen wird, desto träger gestalten sich meist die internen Prozesse. Innovative Ansätze kommen dabei schnell unter die Räder, da sie in der Bürokratie und Hierarchiestruktur versanden. Wollen grosse Unternehmen trotzdem die Flexibilität, die Innovativität und die Schlagkraft kleiner Firmen haben, müssen sie diesen Kreis durchbrechen. Der österreichische Leuchtenhersteller Zumtobel stand 2009 genau an diesem Punkt. Die Marktanalyse zeigte, dass die LED-Technik wohl bald die bisherigen Leuchtmittel ablösen würde, dem Unternehmen fehlten aber die Ideen für den Umgang mit der neuen Lichttechnologie. Zumtobel gründete deshalb zwei kleine Tochterunternehmen. Analog zu erfolgshungrigen Start-ups entwickelten die kleinen, wendigen Firmen neue LED-Leuchten, die später erfolgreich ins Programm des Mutterhauses übernommen wurden. Hätte Zumtobel diesen Schritt nicht getan, wäre das Risiko gross gewesen, von kleinen Newcomern im Markt abgehängt zu werden. Diesen Weg müssten auch grosse Unternehmen aus der Bau- und Planungsbranche gehen, um losgelöst von den festgefahrenen Strukturen neue Pfade auszuprobieren.

Tesla – etablierte Produkte neu denken

Tesla ist heute das Symbol für innovative Elektroautos und für ein äusserst erfolgreiches Marketing. Dass der 2003 als kleine Firma gegründete Newcomer die etablierten Automobilhersteller bei den Elektrofahrzeugen quasi rechts überholt hat, ist vor allem auf die Denkweise im Unternehmen und auf Firmenmitinhaber bzw. CEO Elon Musk zurückzuführen. Tesla kopierte nicht einfach die klassische Art der grossen Hersteller, ein Auto zu entwickeln, sondern dachte das Produkt neu. Für Tesla ist das Elektrofahrzeug, vereinfacht gesagt, nichts anderes als eine grosse Batterie mit Computer, die zufällig auch noch fahren kann. Für die etablierte Autoindustrie hingegen waren Elektrofahrzeuge zuerst nichts anderes als gängige Autos, in denen man einen Elektromotor, eine grosse Batterie und einen Computer für die Steuerung unterbringen musste. Dass ein anderer Blickwinkel Innovation bringen kann, beweist Elon Musk nicht nur mit seinen Elektroautos, sondern beispielsweise auch mit dem Spacex-Raketenprogramm. Dort wurde der Spiess umgedreht: Statt wie die etablierte NASA auf hochgezüchtete, speziell entwickelte und teure Technik setzt Spacex für die Steuertechnologie seiner Raumschiffe auf bewährte Standardelemente aus der Computerindustrie. Mit dieser Denkweise hat das Unternehmen die Raumfahrtindustrie, die – ähnlich wie die Baubranche – stark mit sich selber beschäftigt war, erfolgreich auf den Kopf gestellt. Und mit derselben Denkweise werden künftig auch Prozesse und Produkte im Planungs- und Baubereich auf den Kopf gestellt.

Airlines: Allianzen statt Alleingänge

Die Airline-Industrie hat es schon früh gemerkt: Nur gemeinsam lassen sich Herausforderungen erfolgreich meistern. Grosse Airline-Allianzen wie Oneworld, Skyteam oder Star Alliance zeigen das ebenso wie regionale Kooperationen von Luftfahrtunternehmen. Sie ermöglichen es auch kleineren Airlines, dank der Marktmacht und dem Streckennetz der Allianz erfolgreich mitzumischen. Auch dies wäre ein möglicher Ansatz für die Planungs- und Baubranche.

Bauen ist ein digitaler Prozess, der ein hohes Mass an gegenseitigem Vertrauen bedingt. Dazu brauchen wir neue Zusammenarbeitsmodelle, die einen echten Leistungswettbewerb und damit Innovation fördern.

Patrick Suter,
CEO Erne AG Holzbau, Stein (AG)

Implenia

F.3 Antworten auf die Herausforderungen

[Summary]

Bereits die Baumeister im Mittelalter waren sich bewusst, dass die von ihnen geplanten Gebäude mehr als nur Selbstzweck waren. Denn auch die damaligen Bauwerke hatten Auswirkungen auf die Gesellschaft und die Umwelt. Sie dienten beispielsweise der Machtdemonstration oder veränderten das Bild der Städte. Auch wer heute baut, verändert die Umwelt. Damit dies in einer für alle verträglichen Art geschieht, braucht es künftig einen neuen Zugang zu Bauaufgaben in Form einer integralen Betrachtung.

Integration statt Isolation

Die künftigen Herausforderungen zeigen klar: Bauten können nicht isoliert betrachtet werden. Sie sind nur ein Baustein eines viel grösseren Ganzen. Wer Immobilien besitzt, Gebäude erstellt, betreibt oder saniert, beeinflusst einerseits Gesellschaft, Wirtschaft sowie Umwelt und muss andererseits deren Bedürfnisse antizipieren. Lösen lässt sich dies mit einem integrativen Ansatz. Dabei werden die Planung, der Bau und der Betrieb eines Gebäudes als Teil gesellschaftlicher, ökologischer und wirtschaftlicher Zusammenhänge betrachtet. Mit der Bauaufgabe müssen deshalb auch Antworten auf die damit verbundenen Herausforderungen gefunden werden.

Digitalisierung als Instrument

Um Immobilien integrativ planen, bauen und betreiben zu können, braucht es andere Instrumente als heute – das klassische Phasenmodell gemäss SIA 112 genügt nicht mehr. Benötigt werden beispielsweise Instrumente, die in frühen Planungsphasen eine hohe Sicherheit bezüglich der Tauglichkeit des Projekts, der Realisierbarkeit, der Kosten über die gesamte Nutzungsdauer (Life Cycle Costs) und der Auswirkungen auf die Umwelt liefern und gleichzeitig eine hohe Transparenz sowie eine rasche Umsetzung ermöglichen und die Produktivität steigern. Die Digitalisierung des gesamten Planungs- und Bauprozesses sowie des Betriebs ermöglicht genau dies (siehe Grafik 31). Sie erlaubt es, Gebäude rasch und bereits in frühen Phasen zu simulieren, sie auf die Erfüllung der gewünschten Kriterien zu prüfen, die Kosten genau zu ermitteln und den Bau mithilfe von ebenfalls digitalisierten Produktionsprozessen in hoher Qualität zu realisieren.

Wettbewerb, Effizienz und Kreisläufe

Neue Instrumente und Prozesse allein genügen aber nicht, um das Ziel einer integrativen Lösung zu erreichen. Ebenso wichtig sind unter anderem:

- Neue Denk- und Lösungsansätze
- Laufender Wissensaustausch zwischen Unternehmen, Hochschulen, Verbänden und der Politik
- Effizienzsteigerung, damit Bauen erschwinglich bleibt
- Hohe Kompetenz der Bestellenden und präzise Produktdefinition
- Hohe Kompetenz aller Planenden und Ausführenden
- Hohe Eigenverantwortung aller Beteiligten
- Hohe Flexibilität aller Beteiligten über den gesamten Prozess hinweg
- Konsequenter Einbezug der Lebenszykluskosten in die Entscheidungen
- Ganzheitliche Betrachtung der Energieeffizienz
- Hochwertige Lösungen sowohl in Bezug auf den Städtebau als auch auf die Architektur
- Berücksichtigung soziokultureller Aspekte, etwa der Durchmischung von Quartieren
- Adäquater Einbezug der gebauten Umwelt und der Geschichte eines Ortes
- Haushälterischer Umgang mit dem Boden
- Passende Geschäftsmodelle bei der Ausführung, etwa Werkgruppen
- Kreislaufwirtschaft für den Bau und für die Wiederverwendung von Bauteilen

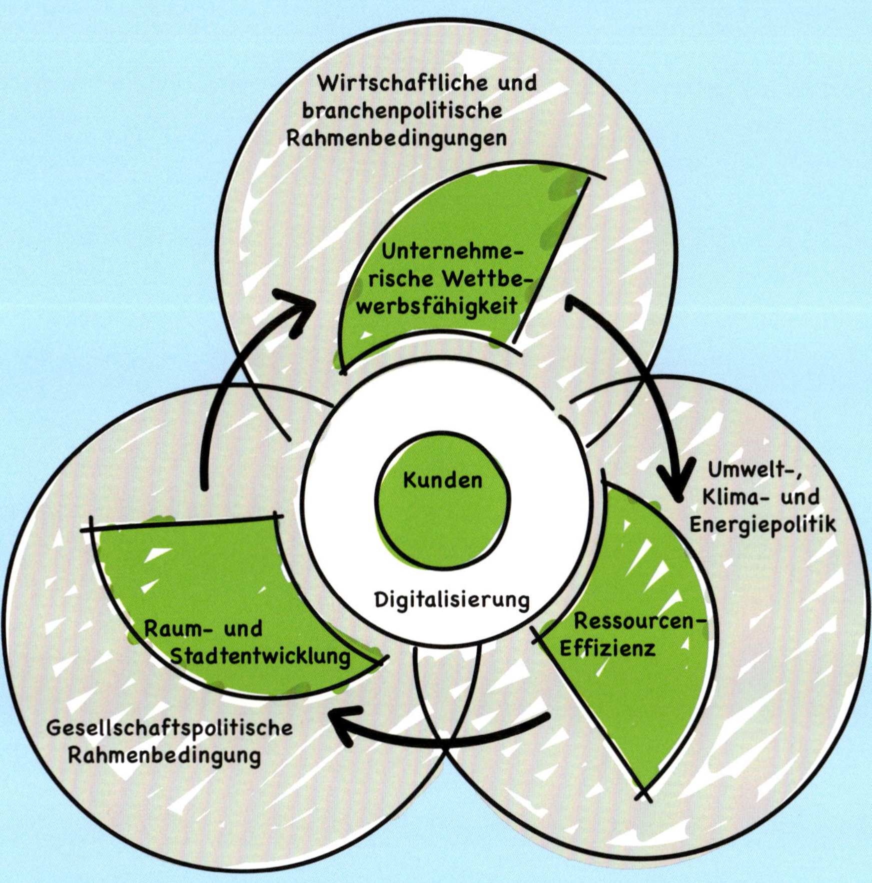

Grafik 31

Kundenorientiertes Modell für die Realisation von Bauprojekten.
Quelle: The Branch Manifest (www.thebranch.ch)

F.4 Wohin die Reise gehen könnte

[Summary]

Wie sieht die Planungs- und Baubranche in zehn Jahren aus und welchen Stellenwert wird sie in der Schweiz sowie international haben? Nehmen die hiesigen Baufachleute künftig eine Vorreiterrolle ein? Wie wird gearbeitet – traditionell oder kollaborativ? Welche Technologien kommen zur Anwendung? Wird die digitale Planungs- und Produktionskette Realität sein? Werden künftig nur noch vorgefertigte Bauteile zusammengesetzt? Bleibt die Baukultur auf der Strecke? Welchen Mehrwert haben die Beteiligten von den neuen Prozessen und Zusammenarbeitsmodellen? Braucht es noch Leader oder nur noch Teamplayer? Acht Thesen liefern mögliche Antworten.

Blick in die Zukunft

Die Zukunft zuverlässig voraussehen kann niemand. Wer heute aber bereits Vorstellungen entwickelt, wohin die Reise in den nächsten Jahren gehen könnte, ist anderen einen Schritt voraus. Das gilt auch für die Planungs-, Bau- und Immobilienbranche. Die folgenden acht Thesen zeigen, wohin die Entwicklung gehen könnte.

These 1: Der Kollaboration gehört die Zukunft

Gärtchendenken, Scheuklappen und Alleingänge sind passé, die Zukunft der Planungs- und Baubranche gehört der Zusammenarbeit über alle Phasen und Rollen hinweg. Die Modelle dafür gibt es bereits, sie müssen nur noch breit angewendet werden. Dazu gehört die Werkgruppe ebenso wie Design–Build (die enge und frühe Zusammenarbeit von Planenden und Ausführenden) oder Integrated Project Delivery (IPD). Bei den ersten beiden Modellen sorgen funktionale Ausschreibungen für einen Innovations- und Kostenwettbewerb bei Projektbeginn. IPD ist die maximale Ausformung des Zusammenarbeitsgedankens mit der Idee, dass alle am Bau Beteiligten inklusive der Bauherrschaft in einem Boot sitzen – mit allen Chancen und Risiken. Quasi eine sozialistische Utopie. Denn Bauherrschaft, Planende sowie Ausführende bekennen sich dabei ohne inhaltlichen Wettbewerb – sie qualifizieren sich über einen sogenannten Beauty Contest – zum gemeinsamen Erreichen des Ziels und zu einer kompletten Transparenz ihrer Arbeit und ihrer finanziellen Kalkulation. Welches Zusammenarbeitsmodell sich für welches Projekt eignet, muss dabei jeweils individuell evaluiert werden. Klar ist aber: Kollaborationsmodelle werden künftig immer häufiger bestellt und lösen die heutigen Kaskadenmodelle für die Planung und Realisierung von Bauten ab.

These 2: Assembling statt Handwerk

Vergleicht man eine Baustelle von 1970 mit einer von heute, zeigt sich sofort: Geändert hat sich eigentlich wenig. Die Sicherheitsanforderungen sind zwar höher, die eingesetzten Maschinen und Geräte moderner. Der Prozess aber ist derselbe geblieben. Ein Grossteil der Arbeitsschritte erfolgt in Handarbeit, jedes Bauteil ist eine Einzelanfertigung. Der Anteil vorgefertigter Elemente ist, gemessen am gesamten Bauvolumen, immer noch gering. Doch der klassische Gewerkebauprozess ist ein Auslaufmodell. Die Zukunft gehört dem Assembling – dem Zusammenbau von im Werk vorgefertigten Systemteilen auf der Baustelle – sowie der Fertigung von Bauteilen mithilfe von Robotern direkt auf der Baustelle. Beide Methoden sind schneller als das konventionelle Bauen, bieten eine wesentlich höhere Qualität und kosten unter dem Strich auch weniger. Die Individualität eines Gebäudes bleibt dabei nicht auf der Strecke. Dank dem digitalisierten Planungs- und Ausführungsprozess sowie der Verwendung von automatisierten Fertigungstechniken kann jedes Bauteil individuell geplant, hergestellt und mit anderen zusammengefügt werden. Innovative Holzbauunternehmen machen dies heute schon vor, andere Anbieter werden auch mit Massivkonstruktionen folgen. Ein weiterer Erfolgsfaktor für das Assembling dürften Werkgruppen sein, die ganze Bausysteme – etwa eine Gebäudehülle – offerieren, liefern und montieren. Dank ihrer engen und bewährten Zusammenarbeit haben solche Gruppen die Schnittstellen und damit die Qualität sowie den Preis im Griff.

Businessdesign/ Development	Projektdesign/ Design	Engineering	Produktion	Betrieb
Städtebauwettbewerb Investorenwettbewerb	Architekturwettbewerb Gesamtleistungs-wettbewerb	Gesamtleister-/Werk-gruppenwettbewerb, Bausimulationen	Industrielles Bauen, Simulation Nutzer-/ Betriebsprozesse	Ressourcenwettbewerb Rückbau/Development
Bestellung abgeschlossen	Baubewilligung erteilt	Digitaler Zwilling optimiert	Betrieb vorbereitet	
3 Monate	**3 Monate**	**6 Monate**	**12 Monate**	**100 Jahre**
Städtebau und Architektur		Werkgruppen I, II, III, IV	—>	Betriebsgruppen

Werkgruppe I:	Werkgruppe II:	Werkgruppe III:	Werkgruppe IV:
Rohbau, 80–100 Jahre	Hülle, 30–80 Jahre	HLKSE, 20–40 Jahre	Ausbau, 10–20 Jahre

Produkte, Produktion und Handel

Gesamtleitung und Gesamtleistung

Grafik 32

Neues, auf Design–Build basierendes Phasenmodell als Alternative zu den SIA-Phasen.
Quelle und detaillierte Variante der Grafik: www.thebranch.ch

These 3: Baukultur ja – aber nicht als Vorwand für Protektionismus

Die hiesige Baukultur* gilt als hochstehend. Das zeigt nur schon ein Vergleich mit der architektonischen Qualität von Stadtteilen oder Gebäuden in anderen europäischen Ländern. Doch die Baukultur wird in der Schweiz teilweise auch missbraucht, um althergebrachte Vorgehensweisen bei der Planung und Ausführung von Bauprojekten zu schützen. So eingesetzt ist das Schlagwort Baukultur ein Innovationskiller. Echte Baukultur soll aber auch künftig einen hohen Stellenwert haben, denn sie bildet – richtig eingesetzt – einen Mehrwert. Dazu muss jedoch die Grundhaltung hinterfragt und Baukultur als ein wichtiges, aber nicht als das über allem stehende Element bei der Planung und Realisierung eines Gebäudes verstanden werden – sie muss Teil der integrierten Projektlieferung sein.

* Baukultur beinhaltet aus Sicht des Autorenteams nicht nur eine hochstehende Architektur, sondern auch Projekte, die alle Belange der Nachhaltigkeit (Soziales, Ökologie, Wirtschaftlichkeit) berücksichtigen.

Best Practice

Bestellen mit digitalen Werkzeugen: transparent und intelligent

Immer wieder erfüllen Bauten nach der Fertigstellung nicht die Vorstellungen der Bauherrschaft. Mit ein Grund dafür sind fehlende Instrumente für eine punktgenaue Bestellung. In der Regel ist sich die Bauherrschaft bei der Auftragserteilung an die Planenden gar nicht im Klaren, was sie denn genau möchte. Bestellerkompetenz ist aber nicht die Verantwortung der Kunden, sondern eine Hausaufgabe der Branche. Um der Bauherrschaft eine Bestellung zu ermöglichen, die genau ihren Bedürfnissen entspricht, sind Werkzeuge mit Businessintelligenz bereitzustellen. Dies erfordert seitens der Branche einen Paradigmenwechsel, der Wissen und Daten über den Immobilienlebenszyklus für die Bauherrschaft systematisch zugänglich macht. Transparenz und digitale Transformation sind untrennbar miteinander verbunden. Dies als Chance und nicht (mehr) als Risiko zu sehen, ist eine der Knacknüsse für die Branche. Denn es ist offensichtlich, dass integrierte Modelle für Planung, Realisierung und Betrieb von Bauwerken von einer möglichst präzisen Bestellung, basierend auf durchgängigen Daten, abhängig sind.

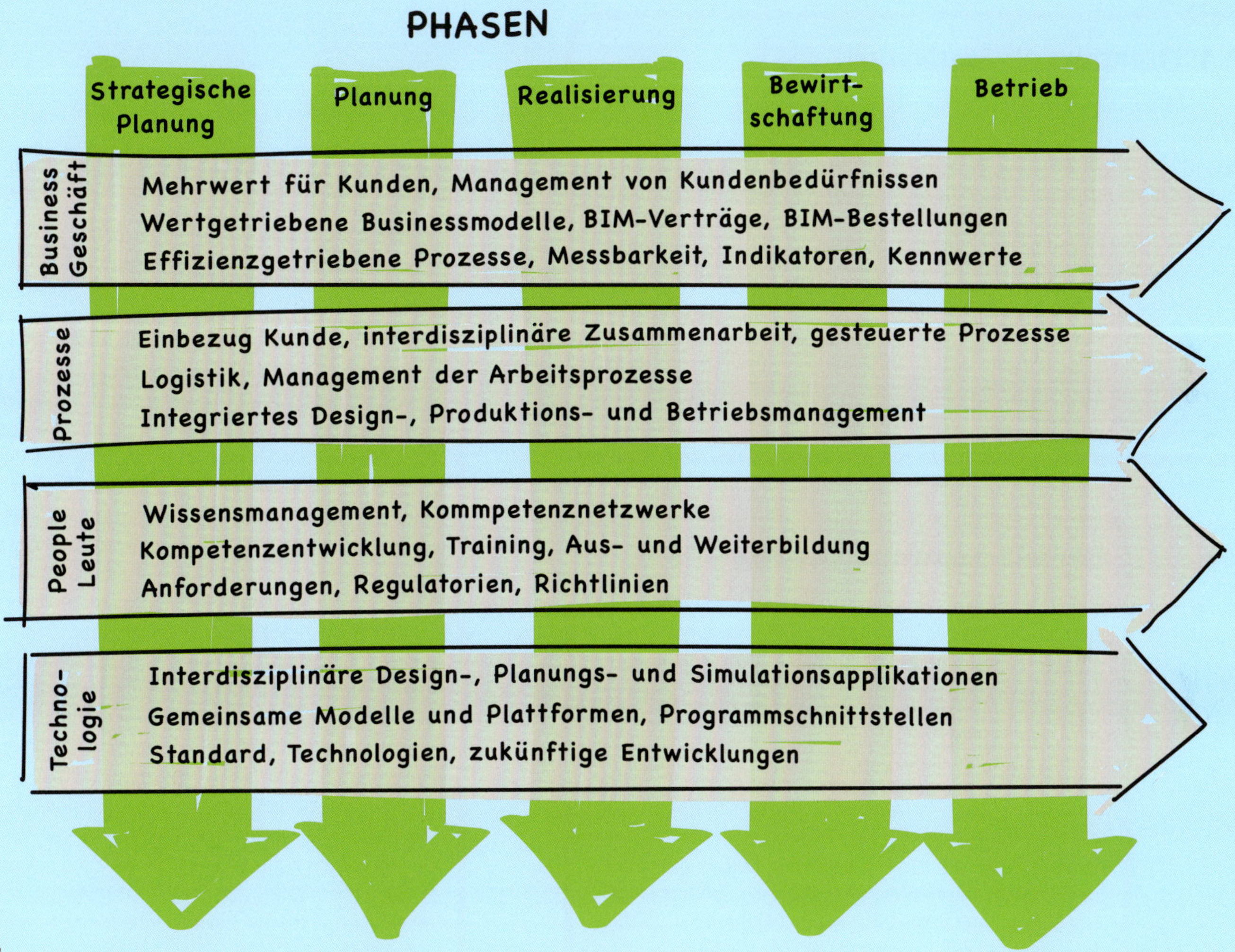

Grafik 33

Zielführende Zusammenarbeitsmodelle gehen immer vom Menschen aus.

These 4: Incentives als Motivation

Wer für sich selbst oder sein Unternehmen einen Mehrwert generieren kann, ist auch bereit, mehr zu leisten. Dabei geht es nicht nur um die finanzielle Seite, sondern um Benefits generell. Verursacht die Umsetzung eines Projekts dank einer anderen Vorgehensweise beispielsweise weniger Stress und hilft, unschöne Diskussionen zu vermeiden, steigt die Zufriedenheit aller Beteiligten. Solche Anreize sind die Treiber von Innovationen. Neue Formen der Zusammenarbeit im Planungs- und Baubereich haben dann eine Chance, wenn der Mehrwert gegenüber der aktuellen Situation spür- und sichtbar wird und alle Beteiligten am Schluss glücklich sind. Deshalb müssen die zu erwartenden Mehrwerte von Beginn weg im Rahmen eines Anreizsystems verschriftlicht, allen Beteiligten kommuniziert und anschliessend auf ihre Erreichung überprüft werden.

These 5: Lernen von Netflix

Der Streaminggigant Netflix macht es vor: Seine Serien sind punktgenau auf die Zielgruppe und deren Erwartungen zugeschnitten. Dazu tragen nicht nur die Darstellerinnen und Darsteller bei, sondern auch die bis ins Detail geplanten Kulissen, die beim Publikum exakt die gewünschten Emotionen auslösen. Davon kann auch die Immobilien- und Planungsindustrie lernen: Während die Gebäudestruktur über Jahrzehnte halten soll, muss es möglich sein, die Oberflächen und die Ausstattung rasch an die Bedüfnisse neuer Zielgruppen anzupassen. Auf diese Weise kann dieselbe Gebäudestruktur über einen langen Zeitraum hinweg einfach an sich ändernde Nutzerwünsche angepasst werden.

These 6: Es ist Zeit für ein Construction Valley

1951 errichtete die Stanford University im Santa Clara Valley in der Nähe von San Francisco einen Industriepark und legte so den Grundstein für das heutige Silicon Valley. In den Folgejahren gründeten Abgänger der Universität in unmittelbarer Nachbarschaft eigene Firmen und machten die Region zum Hotspot der Computer- und Hightechindustrie. Es ist Zeit, dass zukunftsorientierte Player aus der Planungs-, Bau- und Immobilienbranche in der Schweiz analog dazu ein Construction Valley schaffen – vielleicht konzentriert an einem Ort, vielleicht auch als Netzwerk von Hubs. Jedenfalls ein Ort, wo innovative Planungs- und Baufirmen in engem Austausch Ideen für die Planung und die Erstellung der Gebäude von morgen entwickeln und die Branche fit machen. So fit, dass die hiesigen Unternehmen künftig weltweit zu den Taktgebern und die von ihnen entwickelten Formen der Zusammenarbeit sogar zum Exportschlager werden und dass Interessierte aus aller Welt ins Schweizer Construction Valley reisen, um zu sehen, wie man heute baut, Gebäude betreibt und Bauteile wiederverwertet.

These 7: Leadership ist unabdingbar

Neue Prozesse (siehe These 1) und neue Technologien (siehe These 2) bringen einen Innovations- und Produktivitätsschub bei der Erarbeitung der Entscheidungsgrundlagen für ein Projekt mit sich. Das fordert auch die beteiligten Menschen. Sie brauchen andere Fähigkeiten als bei klassischen Planungs- und Ausführungsmodellen und müssen sich auf andere Entscheidungskadenzen einstellen. Im Klartext: Es wird neue Rollen und eine neue Rollenverteilung geben. Der Projektmanager macht vielleicht der Prozessmoderatorin Platz, Vertrauen wird wieder wichtiger als grosse Vertragswerke, das Miteinander löst das heute übliche Neben- und Gegeneinander ab. Allerdings stehen auch künftig bei der Planung und Realisierung eines Bauprojekts unzählige Entscheide an. Positiv ist, dass sich die Entscheidungsgrundlagen dank verfügbaren Daten und Businessintelligenz, die kontinuierlich auf Technologieplattformen zur Verfügung gestellt werden, massiv verbessern werden. Damit dies zum Tragen kommt, braucht es aber eine Veränderung im menschlichen Verhalten. Projektstrukturen und -organisationen sind künftig viel flacher, das heisst weniger hierarchisch, und trotzdem durch präzisere Prozesse sowie klarer zugewiesene Aufgaben, Kompetenzen und Verantwortlichkeiten transparenter und einfacher. Allerdings lässt sich mit fast absoluter Sicherheit prognostizieren, dass Entscheide auch künftig im Kontext von Unsicherheit zu treffen sein werden. Integrierte Planung und Ausführung bringen es mit sich, dass kontinuierlich Entscheide in zeitlich massiv gesteigerter Kadenz gefällt werden müssen – von Mitarbeitenden und Teams, die sie heute tendenziell in der «Linie nach oben» abfragen. Erfolgreiche Projektteams werden sich dadurch auszeichnen, dass sie gerade im Kontext von Unsicherheit die besten Entscheide treffen. Dies bedingt noch mehr als heute eine echte Streit- und Fehlerkultur im Team sowie Leadership der zuständigen Verantwortlichen – geprägt von der Balance zwischen «Vertrauen geben» und «Verantwortung tragen».

These 8: Es braucht andere Bildungsangebote

Die heutigen Ausbildungsangebote für Planende und Ausführende in der Baubranche orientieren sich schwergewichtig an den konventionellen Abläufen. Entsprechend bringen die Schulen in erster Linie Spezialisten hervor und nicht Fachleute mit einem breiten Blick für den gesamten Bauprozess und mit digitalen Skills. Auch Weiterbildungen im Bereich Digital Construction greifen zu kurz. Damit digitale Transformationsprozesse wirklich gelernt werden können, braucht es einerseits Angebote, die mit den traditionellen Mustern brechen, andererseits müssen die Nutzung digitaler Tools und die Aneignung entsprechender Fähigkeiten Bestandteil jeder Ausbildung werden – vom Kindergarten über die Berufsschule bis zum Masterlehrgang an der Hochschule.

Quo vadis, Generalplaner?

Die im Buch beschriebenen Rollen des Generalplaners, insbesondere des GP-Leads, basieren schwerpunktmässig auf der klassischen, dem Phasenmodell des SIA folgenden Projektabwicklung. Doch die Transformation zu einem auf gemeinsamen Werten basierenden Modell ist in vollem Gang (siehe Seite 129); der Generalplaner von heute wird darin seine zukünftige Rolle finden, sie aber neu zu definieren haben.

Wandel oder Rückzug?
Kundenberater?
Neue Rollenverteilung?
Generalplaner unnötig?
Digitalspezialist?
Starke Veränderung?
Mehr Team als Chef oder Chefin?
Neue Rollenverteilung?
Wandel oder Rückzug?
Digitalspezialist?
Mehr Team als Chef oder Chefin?
Starke Veränderung?
Datenmanager?
Kundenberater?
Mehr Leadership und weniger Delegation?
Mehr Technologie, weniger Mensch?
Kundenberater?
Kundenberater?
Wandel oder Rückzug?
Digitalspezialist?
Generalplaner unnötig?
Generalplaner unnötig?
Starke Veränderung?
Starke Veränderung?
Vermitteln statt leiten?
Generalplaner unnötig?
Digitalspezialist?
Kundenberater?
Mehr Team als Chef oder Chefin?
Vertrauen statt Verträge?
Generalplaner unnötig?
Neue Rollenverteilung?
Wandel oder Rückzug?
Mehr Leadership und weniger Delegation?
Vertrauen statt Verträge?
Neue Rollenverteilung?
Starke Veränderung?
Mehr Team als Chef oder Chefin?
Moderator statt Manager?
Moderator statt Manager?
Vermitteln statt leiten?
Digitalspezialist?
Vermitteln statt leiten?
Datenmanager?
Digitalspezialist?
Mehr Technologie, weniger Mensch?
Neue Rollenverteilung?
Wandel oder Rückzug?
Vermitteln statt leiten?

Die rasch voranschreitende Digitalisierung sehe ich als grosse Chance für die Generalplaner. Einerseits in der Optimierung der Planungsprozesse, andererseits aber auch in neuen, primär digitalen Geschäftsmodellen. Hier kann der Generalplaner auf eine grosse, dezentral organisierte und kuratierte Workforce zurückgreifen.

Christoph Meili, Verwaltungsrat und Co-Founder ConReal Swiss AG, Winterthur

Autorenteam

Peter Diggelmann
Architekt FH/STV Reg. B, Mitglied der Kammer unabhängiger Bauherrenberater (KUB/SVIT), Bauökonom AEC, Inhaber von ARCHOBAU AG in Chur/Zürich

Ivo Lenherr
Dipl. Architekt FH, exec. MBA HSG, Mitinhaber von fsp Architekten AG in Spreitenbach und sattlerpartner in Solothurn. All a part of MIC.MIND.SET

Andreas Lüscher
Dipl. Architekt FH/SIA, Bauökonom AEC, Verwaltungsratsmitglied und Geschäftsführer von ANS Architekten und Planer AG in Worb

Markus Mettler
Dipl. Bauingenieur ETH, NDS Betriebswissenschaften, Geschäftsführer der Halter AG in Schlieren

Axel Paulus
Dipl. Architekt ETH/SIA, Dozent an der Professur für Architektur und Bauprozess der ETH Zürich sowie an der Accademia di Architettura in Mendrisio

Boris Schlaeppi
Dipl. Architekt FH/SIA, MAS Wirtschaftsingenieur FH und Bauherrenvertreter

Birgitta Schock
Dipl. Architektin ETH/SIA/SWB, Mitinhaberin von Schock Guyan Architekten GmbH in Zürich

Daniel Stebler
Dipl. Architekt HTL SIA, Bauökonom AEC, Portfoliomanager bei Dr. Meyer Immobilien AG in Bern

Fachverein maneco
Der Fachverein maneco entstand 2011 aus zwei vorher eigenständigen SIA-Fachvereinen. maneco vertritt vor allem die Interessen von Bauökonomen, Baumanagern und Generalplanern. Er engagiert sich unter anderem für eine stärkere ökonomische Orientierung des Kostenmanagements beim Bauen sowie für die Bedürfnisse der Bauherren bezüglich Kostensicherheit, Qualitätsoptimierung und Terminplanung.
www.maneco.pro
generalplaner@maneco.pro

Literaturverzeichnis

Fachliteratur Baubereich

Wolfdietrich Kalusche, Projektmanagement für Bauherren und Planer, Verlag De Gruyter, Oldenburg, 2016

Kammer unabhängiger Bauherrenberater (Hrsg.), Immobilienmanagement: Handbuch für Immobilienentwicklung, Bauherrenberatung, Immobilienbewirtschaftung, Schulthess Verlag, Zürich, 2017

Atul Khanzode, Martin Fischer, Dean Reed, Glenn Ballard, A Guide to Applying the Principles of Virtual Design & Construction (VDC) to the Lean Project Delivery Process, https://purl.stanford.edu/bc980bz5582

Claus-Jürgen Korbion, Generalplaner und Subplaner – Verträge, Honorare, Fallbeispiele, Urteile, Verlag Beuth, Berlin, 2014

Daniel Landowski, Einzel- oder Generalplaner – die optimale Planereinsatzform, Springer Verlag Berlin, 2017

Hans Lechner, Generalplaner, Verlag der Technischen Universität Graz, 2012

Lothar Niederberger (Hrsg.), Mehrwert Generalplanung, Verlag Jovis, Berlin, 2012

Pius Renggli, Wahl eines Generalplaners – Wieso sich Auftraggeber für ein Generalplanermodell entscheiden, MAS Thesis 2014, Zürich, 2014

Christian Strähl, Generalplanung – ein Modell für die Zukunft?, MAS Thesis 2014, Zürich, 2014

Fachliteratur Management

Tom Alby, David Braun, Sabine Pfleger, Projektmanagement: Definitionen, Einführungen und Vorlagen, http://projektmanagement-definitionen.de

Herman Glenn Ballard, The Last Planner System of Production Control, www.leanconstruction.org/media/docs/ballard2000-dissertation.pdf

Herman Glenn Ballard and Gregory Howell, Lean project management, www.academia.edu/811458/Lean_project_management

Tim Clark, Business Model You: Dein Leben – Deine Karriere – Dein Spiel, Campus Verlag, Frankfurt am Main, 2012

Peter F. Drucker, The Essential Drucker – The Best of Sixty Years of Peter Drucker's Essential Writings on Management, Verlag Harper Collins, New York, 2008

Martin Hausmann, UZMO – Denken mit dem Stift: Visuell präsentieren, dokumentieren und erkunden, Verlag Redline, München, 2014

Alexander Osterwalder, Business Model Generation: Ein Handbuch für Visionäre, Spielveränderer und Herausforderer, Campus Verlag, Frankfurt am Main, 2012

Alexander Osterwalder, Value Proposition Design: Entwickeln Sie Produkte und Services, die Ihre Kunden wirklich wollen, Campus Verlag, Frankfurt am Main, 2015

James P. Womack, Daniel T. Jones, Daniel Roos, The Machine That Changed the World: The Story of Lean Production – Toyota's Secret Weapon in the Global Car Wars That Is Now Revolutionizing World Industry, Verlag Free Press, New York, 2007

Fachliteratur Recht

Hubert Stöckli, Patrick Middendorf, Roger Andres, SIA-Klauseln für Planerverträge, Schulthess Verlag, Zürich, 2020

Hubert Stöckli, Thomas Siegenthaler (Hrsg.), Planerverträge, Schulthess Verlag, Zürich, 2019

Impressum

Bibliografische Information der Deutschen Nationalbibliothek

Die Deutsche Nationalbibliothek verzeichnet diese Publikation in der Deutschen Nationalbibliografie; detaillierte bibliografische Daten sind im Internet abrufbar unter http://dnb.dnb.de

ISBN 978-3-7281-4084-5

www.vdf.ethz.ch

verlag@vdf.ethz.ch

Herausgeber:
maneco – SIA-Fachverein für Management und Ökonomie im Bauwesen, Zürich, www.maneco.pro (mehr Informationen zu maneco finden Sie auf Seite 171)

Text, redaktionelle Bearbeitung:
Reto Westermann, Alpha Media AG, Winterthur

Gestaltung und Satz:
Matthis Beck, Transform GmbH, Wettingen

Grafiken und Piktogramme:
Urs Freitag, Freitaggrafik, Winterthur

Lektorat:
Käthi Zeugin, Zürich

Korrektorat:
vdf Hochschulverlag AG an der ETH Zürich

Bildnachweis:
Soweit nicht anders vermerkt, stammen alle Bilder und Grafiken vom Autorenteam, Ausnahme: Seite 24: liorpt/123 RF

Hinweis:
Der besseren Lesbarkeit zuliebe wurde in diesem Buch auf Doppelformen verzichtet. Mit «Generalplaner», «Bauherr» etc. ist selbstverständlich immer auch die Generalplanerin bzw. die Bauherrin gemeint.

Feedback senden an: generalplaner@maneco.pro

Gold-Sponsoren

ANS

ANS Architekten und Planer SIA AG
Hauptstrasse 14
CH-3076 Worb
info@ans-architekten.ch
www.ans-architekten.ch

b+p baurealisation ag
Entwicklung, Realisierung,
Gesamtleitung
Zürich · St.Gallen · Bern · Basel
mail@bp-baurealisation.ch
www.bp-baurealisation.ch

ARCHOBAU AG
Poststrasse 43, CH-7000 Chur
Eichstrasse 27, CH-8045 Zürich
chur@archobau.ch
zuerich@archobau.ch
www.archobau.ch

LANDSCALE

Landscale AG
Hönggerstrasse 6
CH-8037 Zürich
info@landscale.ch
www.landscale.ch

a part of **MIC**.MIND.SET

fsp Architekten AG
Dipl. Architekten ETH/FH/SIA
Rotzenbühlstrasse 55
CH-8957 Spreitenbach
info@fsp-architekten.ch
www.fsp-architekten.ch

maurusfrei

maurusfrei
Architekten AG
Baslerstrasse 30, CH-8048 Zürich
Rätusstrasse 23, CH-7000 Chur
info@maurusfrei.ch
www.maurusfrei.ch

Silber-Sponsoren

RIGHETTI PARTNER GROUP
the fine art of construction

Righetti Partner Group
Hardturmstrasse 76, CH-8005 Zürich
Schwanengasse 10, CH-3011 Bern
kontakt@righettipartner
www.righettipartner.ch

SSIFT Schweiz GmbH
Tittwiesenstrasse 55
CH-7000 Chur
info@ssift.ch
www.ssift.ch

HKG Engineering AG
Mühlemattstrasse 16
CH-5001 Aarau
aarau@hkg.ch
www.hkg.ch

Archipel Generalplanung AG
Seelandweg 7
CH-3013 Bern
info@archipel-gp.ch
www.archipel-gp.ch

refine

Refine Schweiz AG
Hardturmstrasse 76
CH-8005 Zürich
info@refineprojects.com
www. refineprojects.com

Jobst Willers Engineering AG
Gesamtlösungen in Technik +
Energie
Rheinfelden · Bern · Zürich ·
Breslau
info@willers.ch
www.willers.ch

sattlerpartner
architekten + planer

a part of **MIC**.MIND.SET

sattlerpartner
architekten + planer AG
Hans Huber-Strasse 38
CH-4502 Solothurn
info@sattlerpartner.ch
www.sattlerpartner.ch